4D列印・列印時間
數位製造的全新升級

4D列印技術進入生活應用層面並非遙不可及，
將以很快的速度來到我們身邊

4D列印
無限進化

從翻轉未來製造到改變生活、
打造跨界應用的變革設計

Kevin Chen 著

4D Printing

- **實現更高水準的自動化** 物體可在特定條件下自動組裝、修補或變形
- **實現更多樣化和智慧化的設計** 直接控制物體的形態、功能和反應機制
- **讓製造過程變得更加精準** 更加精細地根據需求進行，並減少材料浪費
- **可適應多元化及個性化的市場需求** 根據使用者的需求和環境條件進行訂製
- **實現產品生產本土化** 使用者在當地列印出需要的產品，減少長途運輸需求

博碩文化

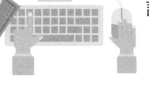

4D列印無限進化
從翻轉未來製造到改變生活、打造跨界應用的變革設計

作　　者：Kevin Chen（陳根）
責任編輯：曾婉玲

董 事 長：曾梓翔
總 編 輯：陳錦輝

出　　版：博碩文化股份有限公司
地　　址：221 新北市汐止區新台五路一段 112 號 10 樓 A 棟
　　　　　電話 (02) 2696-2869 傳真 (02) 2696-2867

郵撥帳號：17484299 　戶名：博碩文化股份有限公司
博碩網站：http://www.drmaster.com.tw
讀者服務信箱：dr26962869@gmail.com
讀者服務專線：(02) 2696-2869 分機 238、519
（週一至週五 09:30 ～ 12:00；13:30 ～ 17:00）

版　　次：2024 年 4 月初版

建議零售價：新台幣 600 元
I S B N：978-626-333-822-7（平裝）
律師顧問：鳴權法律事務所 陳曉鳴 律師

本書如有破損或裝訂錯誤，請寄回本公司更換

國家圖書館出版品預行編目資料

4D 列印無限進化：從翻轉未來製造到改變生活、打造
跨界應用的變革設計 / Kevin Chen(陳根) 著 . -- 初版 .
-- 新北市：博碩文化股份有限公司, 2024.04
　　面；　公分

ISBN 978-626-333-822-7(平裝)

1.CST: 印刷術 2.CST: 技術發展

477.7　　　　　　　　　　　　　　　113004422

Printed in Taiwan

博 碩 粉 絲 團　歡迎團體訂購，另有優惠，請洽服務專線
　　　　　　　　(02) 2696-2869 分機 238、519

前　言

　　相較於 3D 列印的蔚然成風，概念已經被提出多年時間的 4D 列印領域稍微顯得有點冷清，這 4D 到底是怎麼一回事？那突如其來的一個「D」又是如何橫空出世的呢？

　　在大家開始翻閱後面的內容，開始探密 4D 列印之前，我先給大家講一個小小的故事：

　　那是在某年某月的某一天，一個叫亞當的男人和一個叫夏娃的女人偷食了伊甸園裡知善惡樹上結的禁果。他們雖然不懂設計，卻攜手創造了一件在我認為是這個世界上最偉大的作品，那就是人類！

　　在整個過程中，男人的精子和女人的卵子搭配、組合，形成一個全新的細胞，而裡面便是組成人之所以為人的原材料──23 對染色體（共 46 個）。每條染色體上都帶有一定數量的設計因數，我們稱它為「基因」，它支持著人類生命的基本構造和性能，儲存著每一個人的種族、血型、孕育、生長、凋亡過程的全部資訊。

　　在材料準備充分之後，第一個人便被「列印」出來，而這個列印的載體便是人類之母──夏娃。自從那以後，人便開始在時間維度的延伸下，在萬物環境的「催化」中，發生著生、長、病及將來老、死的變化；並且還將進一步演繹著生命的繁衍、細胞分裂和蛋白質合成等重要的生理過程，周而復始。對於這個過程，大家可能都不太陌生，而且理解得理所當然。

　　故事講完了。言歸正傳，那麼 4D 列印到底是怎麼回事呢？

　　上面的小故事，便寓意著人對 4D 列印的通俗理解。我們的每一條染色體所蘊藏的基因密碼，便是我們這個物體最原始的設計程式編碼；而我們這一生的成長過程，也就是人類這個 4D 列印物在「時間」這個第四維度，基於萬物環境的「催化」而發生的組織變化。換而言之，4D 列印和 3D 列印的最大區別就在於：「3D 列印就像現在所有的製造過程一樣，是造物呈現的終結；而 4D 列印則是造物呈現的開始，就像人類的誕生一樣」。

　　當然，這還只是基於個人理解層面上，對 4D 列印做出的一個小小比方。為了讓大家更能全面瞭解「猶抱琵琶半遮面」的 4D 列印，我們再來看看萬能的百度是怎麼解釋這個科幻的玩意兒。據百度百科詞條資訊：「所謂的 4D 列印，比 3D 列印多了一個『D』，也就是時間維度，人們可以透過軟體設定模型和時間，變形材料會在設定的時間內變形為所需的形狀。準確地說，4D 列印是一種能夠自動變形的材料，直接將設計內置到物料當中，不需要連接任何複雜的機電裝置，就能按照產品設計自動折疊成相應的形狀」。事情就是這樣嗎？讓我們再來看看 4D 列印的前世今生。

　　2013 年 2 月 26 日，在美國加州長灘舉行的 TED 2013 大會上，麻省理工學院（MIT）建築部講師斯凱拉・蒂比茨（Skylar Tibbits）將一種新穎的材料組合用於 3D 印表機，製造出了一種線狀物體，該物體被放入水中時，能改變形狀組成字母「MIT」，這是透過將吸水聚合材料與鹼性塑膠相結合，來實現這一效果的技術，其被定義為 4D 列印。「我們想要說的是，你設計出產品並且列印出來，而它能夠進化，就像在材料中植入了智慧。」Tibbits 在一場採訪中說道。

　　2014 年 10 月 8 日，美國《外交》雙月刊發表了《準備迎接 4D 列印革命》的文章，作者牛津大學聖安東尼學院榮譽學者納伊夫・魯贊在文章中說：「4D 列印的可能應用是無窮的，數位製造的真正前途在於第四度空間——列印根

據程式設計隨時間而變化的物體」。基於此，我們可能很快看到科幻的夢想接入現實。

設想一下，我們生活的每一座城市的地下都佈著滿滿的地下管道系統，但是它們受容量固定，維護成本高昂，這一直困擾著每個城市的建設者。而伴隨著 4D 列印的到來，利用可程式設計的材料，每條管道都將能適應變化的環境，透過擴大或縮小來調整容量和流量；而且管道在受損時，還能自行維修或在報廢時分解。

更有甚者，應用於生物醫療領域的 4D 列印，將大大改變現有的醫療狀況。在 3D 列印時代，我們已經能夠利用 3D 列印的心臟、肢體骨架等，對人體衰老病變的器官進行替換，由此讓人類保持健康。而隨著 4D 列印的出現，無疑將給我們帶來更多可能的優化方案，如心臟支架的更換，將不再需要動刀了，我們可以透過 4D 列印液態的支架，然後經由血液循環系統，將其注射入攜帶設計方案的智慧材料，等其到達心臟指定部位後，再透過自我組裝成心臟支架。

再往後發展，我們甚至可以透過 4D 列印器官來逐漸替換我們老化的器官，以此延緩我們衰老和疾病的進程。隨著 4D 列印技術的嶄露頭角，醫學領域的潛在優化方案將變得更加多樣且神奇。

現在，就從這裡開始，讓我們正式瞭解一下這個充滿無限可能的 4D 列印技術，以及我們即將要通往的 4D 列印時代。

目　錄

Chapter **05** **軍事篇**......................................**121**

Chapter **06** **商業篇**......................................**133**

Chapter 10 未來篇（下）........................... 189

概念篇

一千多年前，2D活字印刷的現世，讓我們得以在紙面上「複製」文字，其實今天的2D列印在本質上就是一種平面的複製，後來3D列印技術的出現，讓我們可以列印立體的物品，例如：透過3D印表機，我們就能列印出一朵立體的花。那麼，有沒有一種技術可以讓這朵花跟上現實時間的腳步，像真花一樣隨著太陽升起而慢慢綻放呢？還真的有，那就是「4D列印」。

1.1　4D 列印來了

　　4D 列印技術的首次提出是 2013 年 2 月 25 日，在美國加州舉辦的 TED 2013 大會上，由麻省理工學院自我組裝實驗室的科學家斯凱拉‧蒂比茨（Skylar Tabbis）透過一組產品的自我變形、組裝演示，讓 4D 列印技術正式走入我們的視野，並藉此對這一新技術建立了認知。

　　通俗理解的「4D 列印」，就是在 3D 列印的基礎上增加一個「時間」維度。透過可程式設計原理控制 3D 列印物體中的可變形要素，成形後物體的形狀、性能等在受到光、熱、磁力等環境刺激下，可隨著時間再次發生變化，實現自動形變、自動修復、自動組裝等功能。

　　在傳統的維度概念中，我們很難認知與理解 4D 的概念，從 1D、2D 到 3D 都是基於物理空間的維度層面所發生，也是我們感官視覺能夠直觀理解的層面，如圖 1-1 所示。而 4D 的到來，似乎超越了我們目前三維空間維度的認知，而其新增加的維度是一個我們一直看不到也摸不著、但又時刻陪伴著我們人生的「時間」，這也是目前對於 4D 列印的一種表述，即「4D 列印，列印時間」。

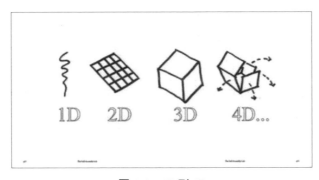

圖 1-1　1D 到 4D

這並非停留在未來學中的虛幻概念，而是麻省理工所研究的一項新技術，斯凱拉・蒂比茨在 TED 大會上展示了這一技術，在整個展示過程中，一根4D 列印的複合材料在水中完成了自動變形、組裝，如圖 1-2 所示。根據大會上的介紹，列印這根複合材料的印表機並非新的神奇技術，其由 3D 印表機來列印，但所使用的原材料才是真正的神奇，是由一根塑膠和一層能夠吸水的智慧材料組成。蒂比茨稱：「列印過程並不是新鮮的東西，但關鍵是列印出來後發生的變化」，而這也正是 4D 列印技術的關鍵所在。

圖 1-2　蒂比茨介紹 4D 列印

　　年僅 28 歲的建築設計師、電腦科學家斯凱拉・蒂比茨是 4D 列印研究專案的負責人，他所發明的 4D 列印目前還只能在水裡工作，也就是說，其出發介質目前還只限於水。根據蒂比茨的介紹，4D 列印技術背後的核心是「自我組裝」技術，而這項技術已經在奈米級上應用多年，例如：自我折疊的蛋白質目前就獲得了比較廣泛的應用，如圖 1-3 所示，如果將這一技術進一步延伸，應用於建造大橋、高樓、生物器官、生活用品中，那將會帶來超過我們認知

的顛覆。而基於這一技術的延伸，就意謂著 4D 列印技術進入生活應用層面並非遙不可及，而是觸手可及，將以很快的速度來到我們身邊。

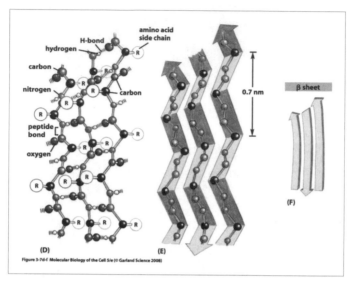

圖 1-3　自我折疊蛋白質

「蛋白質折疊」技術是目前生物學領域中非常重要的一種技術，加利福尼亞州大學的生物化學家葛列格里・韋斯（Gregory Weiss）在他的文章《可以吃的科學：關於食物 10 件你不知道的事》中表示，他們利用蛋白質折疊技術，可以讓熟雞蛋「重獲新生」，不過研究蛋白質折疊並不僅僅是為了讓雞蛋重生，更重要的意義在於揭示生命體內的第二套遺傳密碼，即「折疊密碼」。

人體和其他生物體內的蛋白質，都是由多種胺基酸（Amino acid）所構成，作為生命體最重要的功能載體之一，蛋白質在眾多生命活動中發揮著關鍵的作用，但是蛋白質在行使功能時，往往需要折疊成特定的三維結構。當胺基酸排成一條長鏈，被放入水裡時，會在 1 秒內折疊成穩定的三維結構，這正是蛋白質的自我折疊。

4D 技術的概念源於生物學中蛋白質自我折疊技術的啟發。蒂比茨所演示的 4D 列印技術，先是在分子生物學教授亞瑟·奧爾森的指導下，透過 3D 列印技術配合嵌入式磁鐵，設計了一組可以自我組裝的零件，只需用力晃動燒杯，杯中的零件就像有了意識一樣，自動組裝成一個脊髓灰質炎病毒的 3D 模型，這個實驗就是 4D 列印技術的原型，這也由此證明了 4D 列印技術的可行性。

之後，蒂比茨就開始了 4D 列印技術的商業應用探索，並拜訪了目前世界最大的 3D 印表機生產商 Stratasys 公司的專案負責人，在交流過程中，得知了 Stratasys 公司在列印材料領域的研究獲得了新的突破，該公司剛剛發明了一種可以在水中變形的高分子聚合材料，這種新材料的獨特之處在於，一旦接觸到水，就可以自動延展為自身長度的兩倍。

正是基於這一新材料的技術幫助，蒂比茨快速研發出「4D 列印」這一新技術，藉由設計軟體與 3D 印表機，蒂比茨將「可延展」和「不可延展」的兩種材料混合列印到一根圓形體中，之後將這根圓形棒放入水中，此時材料就產生了神奇的變化，其自我彎曲、變形，似乎具有自我思考能力一般，而組裝出了麻省理工學院的縮寫「MIT」，如圖 1-4 所示。

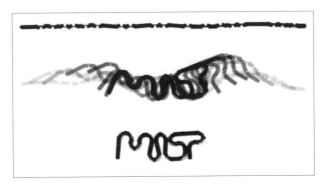

圖 1-4　4D 列印 MIT

在此基礎上，蒂比茨進行了更為複雜的二次實驗，這次他又加入了更複雜的演算法和設計。如果說第一次探索試驗是在平面階段的話，那麼這次的探索則是在三維空間層面，也就是物體在三維空間層面的自我組裝、變形，如圖 1-5 所示。而這一次也同樣是將所要自我變形的設計列印到一根圓形體中，而後將其放入水中，藉由水作為觸發介質來實現自我組裝，變形成為立方體。

圖 1-5　MIT 的 4D 列印技術

對於蒂比茨來說，這項實驗顯然取得了重大的成功與突破，而這也正標誌著 4D 列印技術的到來，將從實驗室走出來，走向大眾生活中。

由 4D 列印技術所帶來的改變，將會更為深刻、徹底，例如：目前困擾各大城市的地下排水系統問題，如果將 4D 列印應用到排水管道的列印中，以 4D 列印技術建造出收縮自如的排水管道，則當颱風來臨時或者大暴雨來臨時，城市的排水管道將自動變得更大，從而促進排水，而當水流量過去之後，排水管道又自動縮回為原來的大小，如圖 1-6 所示。這也意謂著，基於 4D 列印技術所構建的城市基礎設施，將會構建出一個真正意義上的海綿城市。

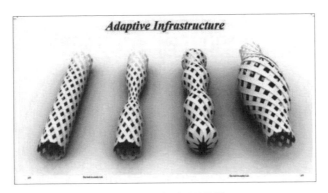

圖1-6　可自變形的管道

「海綿城市」的概念是由中國的專家所提出，是新一代城市建設與治理的一個概念，主要是針對於「雨洪管理」概念，其是指城市能夠像海綿一樣，在適應環境變化和應對雨水帶來的自然災害等方面具有良好的彈性，也可以理解為「水彈性城市」。讓城市能夠像海綿一樣，在適應環境變化和應對自然災害等方面，可具有良好的彈性，按照國際通用術語來表達的話，就是「低影響開發雨水系統構建」，在下雨時吸水、蓄水、滲水、淨水，需要時將蓄存的水釋放並加以利用，實現雨水在城市中自由遷移。

這種新型城市建設的概念，對排水系統就會提出更高的要求。如果藉由4D列印技術所構建的自變形管道，這些管道還可以根據地下的空間情況進行彎曲、扭動以及特定位置的變形，我們不必擔心其在地下破裂，也不必為洪峰來臨的洩洪能力而困擾，它會自動根據水流量的大小而變形；不僅如此，在地質災害頻發的地區，這種管道甚至可以自我組裝和修復。可以說，4D列印不僅是一種新的技術，更是人類社會中一種新的顛覆性材料技術。

從 3D 列印到 4D 列印

相較於 4D 列印，3D 列印似乎是我們更熟悉的一個概念。

3D 列印，顧名思義，三維列印。不論是二維平面列印還是三維立體列印，本質上都是一種列印技術，不同的是，平面列印最後是以平面形狀的方式將檔案內容列印出來，除了傳遞資訊，平面列印並不具備實際的功能；相較於平面列印，3D 列印可以直接實現功能。

3D 列印需要將想列印的物品的三維形狀資訊寫入到 3D 印表機可以解讀的檔，再等 3D 印表機解讀檔後，以材料逐層堆積的方式列印出立體形狀。可以說，三維的形狀就是功能的基礎，列印出了形狀，也就列印出了功能。

此外，與「減材製造」相對，3D 列印又稱為「增材製造」。對於現階段的製造業來說，目前通常所使用的材料加工技術多為「減材製造」技術，即對原材料進行去除、切削、組裝等加工，使原材料具備特定的形狀，並可執行特定的功能。而「增材製造」，則直接將原材料逐層堆積成特定的形狀，以實現特定的功能。

「增材製造」的工作過程，主要包括「三維設計」和「逐層列印」兩個過程，先透過電腦建模軟體建模，再將建成的三維模型分區成為逐層的截面，指導印表機逐層進行列印。相較於傳統的減材製造方式，增材製造無疑具備很多的優勢：

縮短生產製造的時間，以提高效率

用傳統方法製造出一個模型通常需要數天，其依據模型的尺寸及複雜程度而定，而用 3D 列印技術，則可以將時間縮短為數小時，因此相較於減材製造而言，增材製造尤其適合製造形狀複雜的零組件，當然這也受到印表機的性能以及模型的尺寸和複雜程度的影響。

提高原材料的利用效率

與傳統的金屬製造技術相較，3D 印表機製造金屬時，只產生較少的副產品。隨著列印材料的進步，「淨成形製造」可能成為更環保的加工方式。

完成複雜結構的實現，以提升產品性能

傳統減材製造方式在複雜外形和內部腹腔結構的加工上具有侷限性，而 3D 列印可以進行複雜結構的製造來提升產品性能，在航空航太、模具加工等領域上，具備減材製造方式無可比擬的優勢。

例如：一台 3D 印表機可以列印出許多形狀，它可以像工匠一樣每次都做出不同的零件。對於傳統的機床生產線來說，要加工不同形狀的零件，需要對產線進行複雜的調整，因此增材製造尤其適合訂製化、非批量生產的物品。

一開始，3D 列印主要是在模具製造、工業設計等領域被用於製造模型，後來才逐漸用於某些產品或零組件的直接生產製造，包括在航空航太、工程施工、醫療、教育、地理資訊系統、汽車等垂直領域都有所應用。

2015 年，美國國家航空暨太空總署（NASA）基於 3D 列印技術，列印出航空火箭引擎的頭部，這使得零件大量減少，焊縫也隨之減少，在降低火箭引擎出現故障機率的同時，也讓迭代週期縮短、成本降低。

杜拜政府也選擇用 3D 列印來建造政府大樓，3D 列印建築的主要作業是由機器完成，一體成形，建築速度快，工人的作用多為操作和檢驗 3D 印表機的工作情況，因此對人力的需求比傳統建築行業少。

2019 年，以色列特拉維夫大學宣布該學校實驗室 3D 列印出了一顆心臟，這不僅是一個外觀列印的心臟，還是世界上第一個利用患者自己的細胞和生物材料而 3D 列印出的三維血管化的工程心臟，也就是具有血管組織的三維人造心臟。

而 2020 年 5 月，中國首飛成功的長征五號 B 運載火箭上，不僅搭載了中國新一代載人飛船試驗船，船上還搭載了一台 3D 印表機，這是中國首次太空 3D 列印實驗，也是國際上第一次在太空中開展連續纖維增強複合材料的 3D 列印實驗。

近年來，隨著行動網際網路所帶來的整個社會與商業形態的改變，包括創客的興起，3D 列印產業也迎來了技術和商業上的爆發。

當然，3D 列印的爆發既是產業演變的趨勢，同時能被大眾迅速認知並接受，則不得不說跟我們的「夢想」有關。你可能聽過中國《神筆馬良》的童話故事，同時也嚮往擁有這支神筆，來根據自己的想法勾勒出自己的夢想，而這支神筆就能為我們實現，儘管這是一則童話故事，但與 3D 列印結合的時候，我們似乎看到了這則故事被實現的時刻。我們可以藉由 3D 列印來印出我們所想要的物品，不論是人、器官、食物、武器，只要我們能夠透過電腦進行三維模型設計出來，3D 印表機就能為我們列印出來。

如果我們不會電腦三維設計也沒有關係，配合著三維掃描器，我們只需要對想列印的實體進行掃描，藉由電腦系統，就能為我們自動生成 3D 模型，再輸入 3D 印表機進行列印。

不過，科技的進步有時總是以超過我們理解的速度進化，在我們還停留在專業的 3D 印表機認知層面的時候，3D 印表機也已經悄然發展到了桌面級，與 AI（尤其是與自帶設計能力的 AI 軟體）結合之後，則不論我們是否擁有專業的 3D 列印相關軟體的設計及操作知識，我們都可以藉由 AI 軟體來幫助我們實現設計構想，並且這種自訂的 3D 列印正在朝著「走入每個家庭」的路徑演變。不僅如此，更小的 3D 印表機也呈現在我們眼前，它就如馬良手中的那支神筆，我們只需拿著 3D 列印筆直接繪製，在繪製的同時，也是一個列印的過程。

因此，我們可以形象地理解結合 AI 後的 3D 列印，就如同馬良的神筆，其可為我們列印的不僅僅是模型，更重要的是為我們列印出想法，我們可以根據自己的想法創造一個獨具特色的杯子，而後透過 3D 列印為我們實現；我們也可以根據自己的想法創造一雙獨特的鞋子，而後透過 3D 列印為我們私人訂製；我們還可以根據自己的創意想法，透過 3D 列印來為我們列印一桌不僅能吃且具有藝術造型美感的食物，3D 列印的發展為我們的未來生活與商業形態，帶來了很大的影響、改變與暢想。

如果說 3D 列印是神筆，而被賦予了夢想的價值，那麼 4D 列印更像是孫悟空的金箍棒，而這根金箍棒是大家都熟知且嚮往擁有的一件神器，儘管它存在於小說裡。但今天，這根存在於小說中的金箍棒卻隨著 4D 列印技術的到來，從小說中走到我們的現實生活中，唯一不同的是這根金箍棒由 3D 列印而來，並具有金箍棒功能的新型技術。

1.3 3D列印 vs 4D列印

3D包含三個維度，分別是「長度」、「寬度」和「高度」，也就是我們人類感官所理解的這個三維世界。但相較於3D列印，4D列印增加了一個維度，那就是「時間」（T），因此我們可以用公式：4D = 3D + 時間，來表示3D列印和4D列印的關係。

廣義上，基於3D列印並能反應外界刺激，從而產生性能、功能變化的，都可以被稱為「4D列印」，而外界刺激主要包括熱、磁力、光、濕度、pH等。4D列印技術的核心在於「可程式設計、可設計的」，在特定條件下可隨時間變化的結構，而它的實現則離不開3D列印以及符合4D列印功能要求的智慧材料。

從「材料角度」來看，3D列印所用的材料性能是穩定的，其所獲得的結構模型是靜態的，形狀性能並不會隨時間發生變化。而4D列印則是將智慧材料進行數學編碼，透過3D列印獲得能夠在外界刺激下實現形態、性能與功能演變的動態結構，是不穩定的、動態的。

從「形態變化」和「性能變化」的角度來看，3D列印的技術力求讓製造的產品形狀和性能穩定，最大程度地降低產品的形變和性變；而4D列印技術則充分利用製造完成後產品產生形變和性變的現象，讓產品可以根據環境條件變化而產生不同的功能。

從「設計方法」來看，3D列印採用的是實體靜態設計，設計人員只需要設計產品的單一形狀和性能即可；而4D列印則要求對產品進行動態預測，不僅

要設計出產品的最終形狀、性能和功能，還要根據材料特性進行材料程式設計，設計出產品中間的形狀和性能。

在 4D 列印的世界裡，我們可以賦予列印體在特定時間或者特定條件下自動發生改變的，或者成為自我變化、自我組裝的物體。我們列印的東西可以是一根圓形棒，但它可以在觸發的情況下自動變形成一個立體方形，或者變化成其他的一些形態。例如：對於經常出遊的人們而言，不同的出遊條件需要不同大小容量的行李箱，於是我們的家中不得不準備多個行李箱，或者是勉強使用一個不符合出遊行李要求的箱子。當我們藉由 4D 列印技術列印出一個行李箱，就不會出現一些困擾的局面，它可以根據不同容量所產生的壓力大小來自動放大、縮小，也可以根據我們所裝行李的不同形態來自動改變、組裝。

這就是 4D 列印所帶來的金箍棒式科技世界，並且很快會進入到我們的大眾生活中，如果說 3D 影響與改變了商業，那麼 4D 所帶來的改變與影響將會更加深遠且深刻。

1.4　數位製造的升級

透過 4D 列印技術所製造的產品，在產品成形之前的各項工作都依賴電腦來完成，如資料掃描、軟體設計、資料建模、輸出程式設計等，這些都屬於資料化製造技術的範疇，且與其他資料化製造技術不同，這是「直接數位製造」（DDM）。也就是說，使用 4D 列印製造出來的產品是人們能夠應用的最終產品或部分零件，並且這種數位化將會是全過程的數位化，從創意設想的

構建到創意想法的設計實現，這個過程將依賴於人工智慧設計軟體來實現。當進入到列印的階段，主要所依賴的也是數位設計模型的輸出，由 4D 印表機將數位模型物理實體化。

何謂數位製造技術

4D 列印無限進化

所謂「數位化」，就是將許多複雜多變的資訊轉變為可以度量的數位、資料，再以這些數位、資料建立起數位模型，將其轉變為一系列二進位碼，引入電腦內部，進行統一處理的過程。

「數位製造」即製造領域的數位化，是製造技術、電腦網路技術與管理科學的交叉、融合、發展與應用的結果，也是製造企業、製造系統與生產過程、生產系統不斷實現數位化的必然趨勢。其所涵蓋內容包括：

CAD—電腦輔助設計

CAD（Computer Aided Design）是隨著電腦軟、硬體技術的發展而發展的。當人們認識到單純使用電腦繪圖，還不能稱之為「電腦輔助設計」，而真正的設計應該是整個產品的設計，它包括產品的構思、功能設計、結構分析、加工製造等，傳統的二維工程圖設計只是產品設計中的一小部分，於是 CAD 便由原始的 Computer Aided Drawing 升級為 Computer Aided Design，不再僅僅是輔助繪圖，而是協助建立、修改、分析和優化的設計技術。

CAE—電腦輔助工程分析

CAE（Computer Aided Engineering）通常指的是有限元素分析（Finite Element Analysis，FEA）和機械的運動學及動力學分析。有限元素分析可完成力學分析（線性、非線性，靜態、動態）、力場分析（熱場、電場、磁場等）、

頻率響應和結構優化等;機械分析能完成機械內零組件的位移、速度、加速度和力的計算,機械的運動模擬及機械參數的優化。

CAM — 電腦輔助製造

CAM(Computer Aided Manufacture)是「電腦輔助製造」的縮寫,能根據 CAD 模型自動生成零件加工的電腦數值控制程式,對加工過程進行動態類比,同時完成在實現加工時的干涉和碰撞檢查。CAM 系統和數位裝備結合,可以實現無紙化生產,為 CIMS(電腦集成製造系統)的實現奠定基礎,CAM 中最核心的技術是數值控制技術。通常零件結構採用空間直角座標系中的點、線、面的座標數值表示,而 CAM 就是數值控制機床依照數值控制刀具運動,來完成零件加工。

CAPP — 電腦輔助工藝規劃

CAPP(Computer Aided Process Planning)是指藉由電腦軟硬體技術和支撐環境,利用電腦進行數值計算、邏輯判斷和推理等功能,來制定零件機械加工工藝過程。藉由 CAPP 系統,可以解決手工工藝設計效率低、一致性差、品質不穩定、不易達到優化等問題,也是利用電腦技術輔助工藝師完成零件從毛胚到成品的設計和製造過程。

PDM — 產品資料庫管理

PDM(Product Data Management)是一門用來管理所有與產品相關資訊(包括零件資訊、配置、文檔、CAD 檔、結構、許可權資訊等)以及所有與產品相關過程(包括程序定義和管理)的技術。透過實施 PDM,可以提高生產效率,有利於對產品的全生命週期進行管理,加強對於文檔、圖紙、資料的高效利用,使工作流程規範化。除了資料上的管理,PDM 還對相關的市場需

求、分析、設計與製造過程中的全部更改歷程、使用者使用說明及售後服務等資料，進行統一有效的管理。

而這些數位化都是人工智慧生成式技術到來之前所構建的現代工業技術，或者說是第三次工業革命的核心技術，但在以人工智慧主導的第四次工業革命時代中，這些數位工具不論是數位化的輔助設計、規劃、管理、生產等，都將被人工智慧所整合，變得更加簡單、智慧與強大。

 ## 4D 列印的數位製造流程

4D 列印技術的應用流程，可以理解為是在 3D 列印技術基礎上的程式設計升級。而 3D 列印則是基於離散材料逐層堆積的成形原理，依據產品三維 CAD 資料建模，透過軟體與資料系統將特製材料逐層堆積固化，快速製造出實體產品的數位製造過程；可以說是數位製造技術中的 RP（Rapid Prototyping，快速成形）技術，即自動、直接、快速、精確地將設計思想物化為具有一定功能的原型或直接製造零件，從而可以對產品設計進行快速修改及功能試驗，有效地縮短產品的研發週期。

4D 列印技術在 3D 列印的基礎上，對製造材料直接進行程式設計，在資料模型設計階段充分考慮了材料的觸發介質、時間等變形因素，將相關數位參數預先植入列印材料中，讓其進行內部自我折疊。在模型列印成形後，能在時間和空間雙重維度上變形、重組、分解，開始接下來的生命週期旅程。

相較於 3D 列印，4D 列印可以說是更高一層的「直接數位製造」技術，這項技術融合了電腦軟體、材料、機械、網路資訊等多學科知識的綜合性、系統性的技術。其中，透過軟體設計環節，把許多事物和問題抽象起來，並且抽象它們不同的層次和角度；將問題或事物分解並模組化，讓解決問題變得

容易，分解得越細，則模組數量也就越多；同時，透過編寫相應的程式碼，將材料的觸發介質融入其中。

Nervous System 是一家「集科學、藝術和技術於一身」的設計生產工作室，從 2009 年開始使用 3D 列印做「細胞週期」（Cell Cycle）這個專案。據 Nervous System 聯合創始人 Jessica Rosenkrantz 介紹，細胞週期是一個基於網路應用的專案，它允許人們設計屬於自己的、複雜的、蜂窩狀的珠寶和雕塑，還能在網路上出售並進行 3D 列印。

Jessica Rosenkrantz 表示，3D 列印這個數位製造過程能夠製作其他方法無法做出的複雜、有機形式的物體，同時還能夠列印出獨一無二的訂製產品。例如：透過 3D 印表機，可以在不斷開項鍊的情況下，將物體列印出來，更不用說，製造出有豌豆的口哨和有小船的瓶子了；甚至，有些 3D 印表機還可以直接列印出運轉的零件，例如：由多部分機制組成的變速箱。

從 Jessica Rosenkrantz 的介紹中，我們可以捕捉到這樣的資訊，3D 列印技術的應用最終將是「直接數位製造」（DDM）的發展，即 DDM 使用 3D 列印製造出最終產品或部分零件。而且，DDM 已經在不同行業中獲得青睞，如航太航空、珠寶製作、牙科科技、玩具生產以及品牌傢俱設計和訂製太陽眼鏡等時尚單品的製造。而緊隨 3D 列印的腳步，很可能後來居上的 4D 列印技術，更是將相關數位參數預先植入到所製造物品的原材料中，使得 4D 列印出的物體能夠根據預設的參數，在特定條件下發生形狀變化或執行特定功能，這種自我調整性將為製造業帶來了全新的可能性，特別是在需要複雜、可變形結構的應用領域。

例如：在醫療領域，4D 列印技術就可以用於製造智慧醫療器械和可變形的醫療設備，包括製造出根據患者體內條件變化的支架或植入物，提高治療效

果。在建築設計中，4D 列印可用於製造可變形的結構，使得建築能夠根據季節或氣候條件進行自我調整性調整，這種能夠在不同條件下變化形狀的建築結構，有助於提高能源效益和環境適應性。

4D 列印技術的應用就好比人類的誕生，男人的精子和女人的卵子搭配組合，形成一個全新的細胞，而裡面每條染色體上所含的基因，即儲存著其種族、血型、孕育、生長、凋亡過程的全部資訊。而當生命個體從母體中誕生出來後，便開始在基因密碼的作用下，發生著生、長、病、老、死的變化，並且還將進一步演繹著生命的繁衍、細胞分裂和蛋白質合成等重要的生理過程，周而復始。

1.5　空間集約化的實現

3D 列印技術的應用，對現有的技術革新和工業實踐所帶來的變化和影響，可謂翻天覆地，但這還遠遠沒有達到工業技術革命所預期的極致，此時呼之欲出的 4D 列印，又將為人類社會帶來一種怎樣的期望呢？

基於 3D 列印技術的「概念模型」建立，讓產品在製造前期，便能以物理形態的方式展現出來，這大大提升了產品設計及模型構建的精準度，但是更多的實物列印，卻對列印的空間和技巧提出了非常嚴苛的要求，也就在很大程度上掣肘著 3D 列印走向「平民化」。由此，在 3D 列印技術基礎上得到發展和演化的 4D 列印，讓產品的設計與模型的構建都得到最大限度的簡約化，使得實物列印不再禁錮於所成形的體積與空間。

此前，數棟使用 3D 列印技術建造的建築亮相蘇州，這批建築包括一棟面積約為 1000 平方公尺的別墅、一棟五層公寓和一棟簡易展廳等，建築的牆體由大型 3D 印表機噴繪而成，一套房子約需一天時間就能列印完成了，列印成果令人嘆為觀止，這棟售價 8000 萬的別墅以 3D 列印只要 100 多萬。

讓列印別墅的夢想跨入現實的印表機，是一部高 6.6 公尺、寬 10 公尺、長 32 公尺，底部占地面積有一個籃球場大、高度有三層樓高的巨型龐然大物；而且其列印的材料寬度只能是 1.2 公尺。根據電腦設計圖紙和方案，由電腦操控一個巨大噴口噴射出油墨，噴頭像奶油擠花一樣，油墨呈 Z 字形排列，層層疊加，很快便砌起一面高牆，之後牆與牆之間還可像搭積木一樣疊起來，再用鋼筋水泥進行二次列印灌注，連成一體。

3D 列印讓這夢幻般的構想成為了現實，但是龐大的印表機和大小受限的列印品無疑將掣肘 3D 列印技術的應用。而這時對 3D 列印進行技術和維度延伸的 4D 列印，將在很大程度上解決 3D 列印在模具及產品製作中存在的體積大小與產品異形等問題。

在列印前期的產品設計階段，設計師便在產品設計過程中，透過對原材料進行介質、時間等參數的設計與植入，讓所列印的產品能透過一定介質媒介的催生，進而產生變形與重組，從而實現產品的成形再構造，這將在最大程度上降低產品列印的難度，最大限度地提升在不同時空維度對產品列印的可能性。

例如：同樣是蘇州的這幢別墅，如果運用 4D 列印技術，那又會是一番怎麼樣的景象呢？首先，從設計來出發，我們藉由人工智慧建築設計軟體，就能非常快速幫助我們完成房屋的設計，不再依賴於專業的建築設計公司或建築設計師，而是由人工智慧設計軟體幫我們完成。

其次，其印表機將不再是「籃球場大，三層樓高」的龐然大物，而是一個更小巧且精緻的列印神器，它在列印的過程中，透過更高技能的設計參數植入，讓列印出來的產品具有「變形」的功能，同時其列印的產品自然也就不再侷限於 1.2 公尺以內的寬度。該印表機將列印出更小巧的產品，但是該產品在介質中將延伸出無限大的可能性，就好比孫悟空的金箍棒，憑藉「大」、「小」的咒語介質，可以小至一枚銀針，也可以大至穿天入地，而且 4D 列印出來的產品，不僅大小可變，形狀改變亦是不在話下。

在有限的空間裡，透過參數的設計與植入，繼而列印出無限的可能性，這些在原材料中被設計植入各種變化參數的產品，將在所要求的時間和空間維度上進行綻放和展現，來完成其 4D 列印的完美旅程。4D 列印的神奇與不可思議，便是如此的簡約且不簡單。

1.6 多樣化需求的滿足

如果我們要實現 3D 列印，除了印表機與材料之外，我們必須要有一個 3D 模型，但就目前的情況來看，3D 模型的設計還存在一些專業性問題，一般使用者很難製作出像樣的 3D 模型。

一間名為「Volumental」的公司在這方面有了比較深入的思考，主要針對於讓一般使用者根據自己的想法並藉助軟體完成 3D 模型的設計，其所提供的應用程式就是可以讓人們簡單、快捷地製作 3D 模型。使用者只要使用深度相機（depth camera）將所需要 3D 列印的物件拍下來，並把數據傳給 Volumental 的應用程式，就可以在網頁上得到自己所需要的 3D 模型。

Volumental 提供的 3D 掃描技術的商業應用非常廣泛，例如：可以用於訂製個性化的商品，使用者甚至可以把自己雙腳的 3D 數據傳給商家，商家根據使用者的尺寸訂做鞋子；當然，使用者也可以把自己整個身體的 3D 資料掃描出來，去訂製合身的衣服，甚至是自己的同比例立體照。

Volumental 與英特爾還共同宣布了一個計畫，他們攜手改革在網路賣鞋這個行業，即根據顧客雙腳的 3D 資料來賣鞋，而這只是他們合作的第一步，未來他們會進一步合作去開拓新的業務。與此同時，也有越來越多的公司開始把客戶身體的 3D 資料應用到商業領域了。

隨著 4D 列印技術所帶來更大的延伸空間與更多的變化可能，這種基於掃描技術而自動生成的設計軟體，將會獲得更大的空間。例如：使用者可以根據自己的想法拍攝兩張不同的照片，一張為初始模型，一張為自組裝後的模型，設計軟體將藉由掃描技術開始工作，自動分析並識別初始模型和自組裝後模型之間的差異，包括形狀、尺寸、顏色等方面的變化，隨後系統軟體將利用這些資料，自動生成設計並合成自組裝的過程程式，也就是說，我們不需要專業設計技能，只需透過簡單的拍照，也能參與到創造過程中。

不僅如此，基於特殊的原材料，4D 列印還能夠實現 3D 列印所不能的折疊掃描，即將多種不同的需求透過 4D 列印技術融合到最終的成品上。具體來看，透過特殊的原材料，4D 列印技術賦予製造品在第四維度上的變化能力，相較於傳統的 3D 列印，這種折疊掃描列印的能力為使用者提供更大的自由度，使得最終的成品不再受限於初始的靜態設計，而可以根據需求即時動態變化。

4D 列印技術還能將多種不同的需求融合到同一成品上，以實現更高程度的訂製化和綜合性，這也為製造業和創意設計帶來了新的可能性，使得產品不再是剛性的，而是能夠根據實際需要而動態變化的。

對於服裝而言，在不久的將來，我們將不僅只是訂製衣服，還可以同時將多件不同社交環境下的著裝需求，透過 4D 列印技術融合到一件衣服上。基於不同的介質設備，根據不同的社交環境要求，使用者將可以隨時對服裝所具有的潛在預設指令進行觸發，穿著在身上的時裝將會在非常短的時間內完成自我變形和組裝，而且這種變化還不侷限於時間，對於愛美的女性而言，首飾、鞋子等都會因 4D 列印技術的應用，而讓生活更多采多姿。

1.7　變革未來的 4D 列印

如果說 3D 列印是聚沙成塔，將離散的材料藉助電腦輔助設計連接成具有特定形狀和功能的整體，那麼 4D 列印就是透過引入具有特定性質的材料進行增材製造，並為具有精巧結構的部件賦予「隨時間變形」的能力，使它們變得「能屈能伸」。自 2013 年首次概念化以來，4D 列印引起了市場極大的興趣，4D 列印為傳統的 3D 列印技術插上時間維度可設計性的翅膀，可以說 4D 列印的出現，豐富了 3D 列印的應用潛力與生命力，並展現變革未來的強大力量。

進一步來看，4D 列印技術是 3D 列印技術與新穎材料技術的結合，其本質是用 3D 列印技術列印出可根據設計隨時間產生變化的物質。

大西洋理事會（Atlantic Council）的一份報告中曾提出，4D 列印技術不僅具有 3D 列印在經濟、環境、政治和戰略方面的重要意義，而且可將虛擬世界的數位資訊（程式設計資訊）映射到物質世界的具體物體。也就是說，4D 列印不僅具有 3D 列印所具有的優勢，還具有 3D 列印所不具有的優勢。

從共有的優勢來看，3D 列印和 4D 列印都可以推動製造企業更靈活應對市場需求的變化，實現生產的個性化和訂製化，這將推動生產方式由「大規模生產」往「小批量、個性化生產」來轉變，以提高生產效率、減少浪費，對經濟具有顯著的積極影響。另外，由於列印靈活性和個性化生產的特點，不再需要大規模生產和庫存，減少了過剩產能和廢棄產品的問題，這有助於降低對環境的負擔，推動可持續製造的發展，以符合現代社會對環保的迫切需求。

從 4D 列印獨有的優勢來看，首先，4D 列印能夠實現更高水準的自動化。傳統的製造方式可能需要人工干預和調整，而 4D 列印的優勢在於透過程式設計資訊的引導，使得物體可以在特定條件下自動實現組裝、修補或變形，這種高度自動化的製造過程不僅可提高效率，還減少對人力的需求，推動製造業往更智慧、更靈活的方向發展。

其次，數位資訊的映射使得物體的設計和創新更加靈活。設計者可以透過程式設計資訊直接控制物體的形態、功能和反應機制，而無須透過繁瑣的手工操作，這為創意設計提供了更大的自由度，使得產品不僅可以在靜態狀態下展現獨特的形態，還能在時間上動態變化，實現更多樣化和智慧化的設計。

從可持續性的角度看，4D 列印的優勢也顯而易見。透過數位資訊的映射，製造過程將變得更加精準和可控，這有助於減少材料的浪費，因為物體的製造可以更加精細地根據需求進行，無需大規模的過剩產能。

另外，數位資訊的映射還提高了生產的訂製性。程式設計資訊可以被調整和修改，讓同一設計模型可根據不同使用者的需求和環境條件進行個性化訂製，這為製造業提供更大的靈活性，讓產品能夠更加適應多元化和個性化的市場需求。

可以說，4D列印將虛擬世界的數位資訊直接映射到物質世界的具體物體上，不僅提高了製造的自動化水準，也增加了設計和創新的靈活性，這種優勢有助於推動製造業向數位化、智慧化的方向邁進，為創新和可持續發展創造出更有利的條件。

目前，4D列印技術已經在實驗室環境中得到初步證實，不同領域的研究也正在加速突破，包括食品領域、生物醫藥、生活產品、甚至是軍事應用。對於4D列印的無窮可能應用，我們可以進行無限的遐想。設想一下，長期受容量固定和維護成本高昂因素所困擾的地下管道系統，當利用可程式設計的材料，每條管道都能適應變化的環境，透過擴大或縮小來調整容量和流量，管道甚至還能在受損時自行維修或在報廢時分解。再設想一下，4D列印技術應用於國防工業的可能性，美國陸軍已經利用3D列印技術，研發用於阿富汗前線的新裝備，而4D列印技術可以讓軍方製造出能適應各種地形的外殼的車輛，或能發現有毒氣體的制服。

當然，與其他眾多新興技術一樣，4D列印也有令人擔心的風險和負面影響。在生物領域上可能出現的應用風險，尤其值得關注，例如：哈佛大學的研究人員已藉由4D列印技術，利用DNA鏈製造對抗癌症的奈米機器人，由於這種應用所使用的工具在當今世界可以輕易獲得，因此某些人可能利用此類技術來製造新的生化武器。另外，許多伴隨3D列印技術推廣應用的風險，同樣也會伴隨4D列印技術的發展，例如：其成為犯罪分子利用的手段（已有人透過3D列印自行製造出手槍和手銬鑰匙）。最後，雖然4D列印技術可以使工業製造商有更多的途徑來訂製產品，從而進一步縮短供應鏈，但這也將危及技術工種，並讓產品問責及智慧財產權問題變得越來越複雜。

當然，正如所有的新技術一樣（如人工智慧技術），4D列印不會沒有危險和負面影響。和其他眾多新興技術一樣，4D列印結合了各種新的技術、方法

和學科，以目前的技術發展趨勢來看，最令人擔憂的風險最可能出現在生物領域。我們可以藉助 4D 列印的原理，利用 DNA 鏈造出對抗癌症的奈米機器人，也可以藉由 4D 列印技術製造出折疊功能的蛋白質，並且可以在列印的初始階段就設定相應的變異觸發介質，如此一來，藉由 4D 列印技術，我們即可以完成精準的標靶治療，但同時也可以實現精準的靶向變異。在這方面，雙重用途同樣帶來切實的擔憂，由於能夠藉由人工智慧的研發與設計系統，對於很多非專業人員而言，都能輕易獲得必要的開發工具，一些人可以利用此類技術來製造新的生化武器，這也是不得不進行關注的問題。

不論是從科技發展的趨勢來看，還是從探索未來商業的方向來看，繼承 3D 列印腳步的 4D 列印，對於人類發展來說，都比 3D 列印技術更具前瞻性和顛覆性，它不僅是一種生產工具的革命，更是一種由生產資料改變而引發未來整個社會的商業生態結構方式、醫療科學發展模式、人類生活生存狀態改變的一種技術。可以說，4D 列印顛覆的將不僅僅只是製造技術，而是整個人類的未來。

合 列印無限進化

技術篇

在第 1 章我們已經提到，4D 列印可以簡單理解為「3D+ 時間」，而 4D 列印的實現離不開兩個重要基礎：「成熟的增材製造技術」（即我們熟悉的 3D 列印）及「符合 4D 列印功能要求的智慧材料」。

基於這兩個重要基礎，在 4D 列印的推進發展道路上，科學研究的腳步還在不斷地向前邁進，可謂成果頗豐。

2.1　4D 列印的機器

3D 列印對於我們而言已經不陌生，它透過逐點逐線掃描、層層疊加的製造邏輯，將離散的原材料連接成為三維整體，結合電腦輔助結構設計，能夠直接製造出各種複雜的幾何結構，並能夠最大化地節省原料、減少後續加工。

從成形原理角度分類，目前常用的 3D 列印技術主要包括用於聚合物材料的「光固化成形」（Stereolithography，SLA）、「熔融沉積成形」（Fuse Deposition Modelling，FDM）、「墨水直寫成形」（Direct Ink Writing，DIW）等，以及常用於金屬材料的「選擇性雷射熔化 / 燒結成形」（Selective Laser Melting/Sintering，SLM/SLS）等。

歷經數十年的發展，如今 3D 列印已經能夠成熟實現金屬、聚合物和陶瓷的複雜精細結構的成形製造，並在航空航太、生物醫療、機械電子、工業設計、文化教育等諸多領域都得到了應用。然而，隨著應用領域需求的不斷拓展，傳統 3D 列印所製造出的靜態結構或部件的功能可設計性，也呈現出了一定的有限性。

舉例來說，從微觀到宏觀尺度的自折疊結構智慧器件，在生物醫藥、航空航太等領域被認為具有良好的應用前景，卻難以透過傳統材料 3D 列印來實現，自然而然，科學家們聯想到了將具有形狀記憶效應的智慧材料、自癒合材料或是具有特殊拓撲結構設計的超材料，這才有了 4D 列印的誕生，這也讓我們看到 4D 列印是建立在 3D 列印的基礎之上。

4D 列印需要透過將多種材料以適當的分布組合到單個一次性列印結構中進行建立。材料性能的不同，如膨脹率和熱膨脹係數，將導致列印結構在外

部激勵作用下發生所需的形狀轉換行為，因此 3D 印表機對於製造 4D 列印來說，也是必須的。可用於 4D 列印的 3D 列印設備，包括基於材料噴射技術的熔融沉積成形 3D 印表機、基於光聚合技術的立體光固化成形印表機、基於粉末融合技術的選擇性雷射燒結和選擇性雷射熔融 3D 印表機等。

2.2　智慧材料

與 3D 列印相同，4D 列印是一種集材料科學、機械科學以及電腦科學等諸多學科高度交叉融合的先進製造技術。與 3D 列印不同，4D 列印是一種具備動態演變能力的智慧製造技術，是在 3D 列印基礎上結合智慧材料與智慧結構設計，針對製造產品的形態、性能和功能方面的進一步發展。其中，「智慧材料」就是 3D 列印和 4D 列印不同的關鍵，可以說，「智慧材料」也是 4D 列印技術得以實現最重要的部分。

20 世紀 80 年代末期，受到自然界生物具備的某些能力的啟發，美國和日本科學家首先將智慧概念引入材料和結構領域，提出了智慧材料結構的新概念。「智慧材料結構」又稱為「機敏結構」，泛指將感測元件、驅動元件以及有關的訊號處理和控制電路集成在材料結構中，透過機、熱、光、化、電、磁等激勵和控制，不僅具有承受載荷的能力，而且具有識別、分析、處理及控制等多種功能，能進行自診斷、自我調整、自學習、自修復的材料結構。

「智慧材料結構」是一門交叉的前沿學科，所涉及的專業領域非常廣泛，例如：力學、材料科學、物理學、生物學、電子學、電腦科學與技術等。用於 4D 列印的智慧材料可以分為「形狀改變材料」（SCM）和「形狀記憶材料」（SMM）兩類。

「形狀改變材料」本身就是一個開關，在受到外界刺激後，形狀改變材料會立刻發生改變，並在刺激移除後又立刻恢復原狀，例如：體積線性膨脹或收縮材料。

「形狀記憶材料」（SMM）的特點是在外界的刺激條件下，材料結構發生形變，使該材料處於一個臨時形變狀態，在該狀態下材料獲得「記憶」，當再次受到外界刺激時，材料能夠重新恢復到原始形態。具有形狀記憶特性的材料，分為「形狀記憶水凝膠」（SMH）、「形狀記憶陶瓷」（SMC）、「形狀記憶合金」（SMA）、「形狀記憶複合材料」（SMC）和「形狀記憶聚合物」（SMP），其中形狀記憶聚合物是研究最多的類別。

形狀記憶水凝膠

「形狀記憶水凝膠」（SMH）是一種有自我調整功能的高分子材料，具有反應不同的外界刺激暫時變形和永久記憶原始形狀的獨特能力。作為一種新型智慧材料，SMH 的記憶功能是依靠其三維網路內永久交聯和可逆動態交聯這兩種特殊的交聯結構實現。根據反應機制不同，可將該材料分為「pH 反應性 SMH」、「電反應性 SMH」、「溫度反應性 SMH」等。

pH 反應性 SMH

pH 反應性是凝膠材料特有的反應機制，其原理是根據材料內部的氫離子濃度對不同的 pH 值產生反應，此前已有研究人員用光催化的方法，製造出在特定 pH 條件下反應的不同形狀的 SMH。

電反應性 SMH

電反應性 SMH 透過改變電場，導致水凝膠與水溶液之間的離子產生濃度差，材料滲透壓發生改變，致使凝膠產生宏觀形變。2018 年，新澤西州立羅

格斯大學的研究人員就透過探究電反應機制，使水凝膠溶液中的離子產生濃度差，致使凝膠形狀改變，驗證了電反應 SMH 的可行性。SMH 內部的高含水量三維網路使親水性高。此外，SMH 作為 4D 材料的優勢，還包括自我修復力強、成本低、生物相容性高等。

形狀記憶陶瓷

陶瓷是一種剛性和硬質的材料，具有在惡劣環境下接受很高的工作溫度而幾乎不發生應變的特性。在 4D 列印中，液體陶瓷懸浮液往往透過磁力或熱處理的方式被引入。

具體來看，液體陶瓷懸浮液的一種應用是「透過磁力實現各向異性的收縮」，也就是說，我們可以在陶瓷中引入磁性顆粒，然後透過磁場的作用，使陶瓷在特定方向上發生收縮。這種方法可以透過形狀程式設計，使用聚二甲基矽氧烷基奈米複合材料，使陶瓷在特定條件下實現形狀變化。

液體陶瓷懸浮液的另一種應用是「在熱處理過程中實現形狀程式設計」，即透過在懸浮液中引入特定的奈米複合材料，使陶瓷在受熱時發生形狀變化，這可以透過對液體陶瓷懸浮液中的材料進行設計和調控來實現。

在目前可用的液體陶瓷懸浮液中，基於氧化鋯（ZrO_2）的陶瓷引起了廣泛的關注，這是因為這種陶瓷在可逆馬氏體相變機理方面與形狀記憶合金相似，同時一些其他陶瓷如多鐵鈣鈦礦，也透過可逆馬氏體相變過程表現出形狀記憶行為，其驅動是由外部電場和熱場觸發的，主要基於鐵電或壓電特性。

在應用方面，由於陶瓷的特殊性質，液體陶瓷懸浮液可以用於實現高驅動力應力和應變，以及更寬範圍的轉變溫度。

在陶瓷成形方面，通常需要經濟高效的工藝來製備複雜幾何形狀。透過受到植物中纖維素原纖維的組織啟發，一些研究嘗試透過對陶瓷的微觀結構進行程式設計，使其在熱處理過程中，發生局部各向異性的收縮。這種方法實現了自整形，其中設計微結構的方式可以控制局部收縮，例如：透過排列氧化鋁增強薄片。相較目前用於陶瓷成形的機械加工工藝和注射成形工藝，這種受生物啟發的方法減少了廢料產生，並且不需昂貴的機械設備。此外，這種方法還允許製造複雜幾何形狀的陶瓷零件，而不會出現弱的介面或結構，這對於陶瓷製造的經濟高效性和設計靈活性都提供了新的可能性。

形狀記憶合金

「形狀記憶合金」（SMA）是一種具有記憶效應的智慧金屬材料，憑藉著獨特的形狀記憶特性、可變彈性模量、超彈性、高阻尼、優秀的生物相容性等一般金屬材料難以兼顧的特性，使其成為 4D 列印材料之一。

形狀記憶合金主要透過熱刺激或磁刺激實現奧氏體和馬氏體邊界之間的可逆性轉變，這些合金具有獨特的記憶效應，其中「熱反應」和「磁反應」是兩種主要的驅動機制。

熱反應 SMA

在熱反應 SMA 中，記憶效應是由於高溫時的奧氏體相向低溫時的馬氏體相進行往復變化引起的，在這個過程中，發生熱彈性的馬氏相變及其逆相變，從而導致材料發生宏觀形變。以 Ti-Ni 系列記憶合金為例，它展現了熱彈性的馬氏體相變，是目前應用最廣泛的形狀記憶合金之一。簡單來說，這就像是材料在高溫時擁有一種形狀，然後在降溫時透過特殊的相變過程，自動回到另一種形狀。

此前，有研究人員以 Ti 50%、Ni 50% 不同溫度下的形變特性及優秀的生物相容性，利用 4D 列印技術製成螺旋血管支架，低溫環境下該支架緊縮，利用微型手術將支架植入堵塞的血管中，該支架在血管中受人體溫度的影響，而展開來支撐血管，使得堵塞血管中的血液能夠正常流動。

磁反應 SMA

磁反應 SMA 的記憶效應是由於材料在微觀上發生孿晶界的滑移以及馬氏體相在磁場方向上的再取向，從而導致材料發生宏觀形變，這個過程就像是材料被磁場操控著，透過微小的結構變化來實現整體形狀的改變。

首先，微觀上的孿晶界滑移是指材料中的微小晶粒在受到磁場刺激時，發生微觀層面上的移動和調整，這種滑移導致了材料整體上的微小形變，為接下來的宏觀形變奠定了基礎；其次，磁場方向上的馬氏體相再取向是指在外部磁場的作用下，馬氏體相發生重新排列，以適應磁場的方向，這個過程導致了材料整體上的宏觀形變，實現了由磁場控制的形狀變化。

值得一提的是，與其他形狀智慧材料不同的是，SMA 具有金屬材料優良的力學性能。

⬡ 形狀記憶複合材料

與其他分類不同，「形狀記憶複合材料」（SMC）是「形狀記憶材料」（SMM）的重疊區域，其中至少一個 SMM 屬於複合材料中的單體基團，而每個單體都對最終設計有著關鍵作用。「形狀記憶合金」（SMA）和「形狀記憶聚合物」（SMP）是兩種常見的形狀記憶材料，它們分別展現出不同的形狀恢復機制，並因其形狀記憶效應在多個領域中得到廣泛研究，然而這些形狀記憶材料各自存在一些不足，例如：SMA 成本高、應變恢復力低等。

為了克服這些問題，科學家將 SMA 和 SMP 結合起來，製成了 SMC。例如：一些研究採用 3D 列印技術，以尼龍 12 作為長絲形式的列印材料，透過可逆的 SMC 驅動製造了 4D 列印執行器。他們透過改變 SMA 與 SMP 的體積分數，尋找了在增材製造中應用於支架和瓣膜控制器的最佳操作迴圈比率，這種組合的 SMC 充分利用了 SMA 和 SMP 的優點，克服了它們各自的缺點，為列印設計提供了更多可能性。

形狀記憶聚合物

「形狀記憶聚合物」（SMP）是一種具有記憶效應的高分子材料，也是目前 4D 列印中種類最多、應用範圍最廣的形狀記憶材料。根據刺激機制的不同，可以分為「熱致型 SMP」、「光致型 SMP」、「電致型 SMP」等。

熱致型 SMP

熱致型 SMP 的記憶特性，源於材料內部分子的不完全相容性。熱致型 SMP 列印出來後，在常態下它會保持一種狀態；當均勻受熱後，它又會變成另一種計畫好的形狀。按照訂製圖紙，把多種具備不同動態機械特性的材料列印成 3D 物體，就可以製造出一種可控預定順序改變形狀的物體了。

透過 4D 列印技術，則可以在材料程式設計中預設，智慧形狀記憶材料對溫度的反應，以實現複雜結構自行折疊的效果，也就是說，當這些部件被加熱，每種 SMP 會以不同的速率改變形狀，這具體取決於它自己的內部時鐘。精確地設計這些材料改變形狀的時間順序，就能讓三維物體自行組裝。

美國基石研究集團早在 2004 年就透過在燈芯棒上纏繞 SMP，取得了一項重要進展，這種材料可以在熱刺激下實現從剛性到彈性、柔性的變化，然後再回到剛性狀態。透過在材料中增加高應變纖維，可以增強該材料的韌性。

現階段，熱致型SMP的研究主要以環氧樹脂和聚氨酯為主。20世紀，三菱公司首次研製出聚氨酯SMP，在隨後的研究中透過調節各組的組成和配比，成功製造出不同反應溫度的形狀記憶聚氨酯。此外，美國CTD公司也研發了一系列熱固性環氧樹脂，這些材料具有記憶效應，即使在極低溫環境下，也能夠具備良好的形狀恢復能力。

簡單來說，熱致型形狀記憶聚合物的記憶特性，充分利用了材料內部分子的不完全相容性。在外界溫度變化的刺激下，這些材料可以在剛性、彈性和柔性之間實現可逆的形狀變化，為實際應用提供了廣泛的可能性。透過在材料中引入不同的成分和調整配比，可以實現更多樣化的反應溫度和形狀記憶效應。

光致型SMP

光致型SMP利用光感離子吸收光能，將光能轉化為化學能，使材料的溫度上升，當溫度達到反應值時，會觸發形狀記憶效應。研究表明，透過使用多色的SMP複合材料，可以實現在不同光照時間和光照顏色下的結構變化，從而實現遠端的光驅動。相較於熱致型SMP，光致型SMP更加靈活，能夠根據光源的位置方向和感光差異，進行選擇性區域驅動。

電致型SMP

電致型形狀記憶聚合物則是透過在SMP材料中填充導電顆粒，形成導電網路，使SMP獲得導電性。透過電流產生的熱量，根據溫度的變化觸發材料發生變形，從而具備形狀記憶特性。此前，就有研究人員使用碳奈米管（CNT）與聚乳酸（PLA）製備了CNT/PLA複合材料，透過外加直流電流，探究了該材料在溫度變化下的體積電阻率和電驅動的記憶特性，實驗證明了列印速度、層厚及光柵角度對電驅動的記憶行為有顯著的影響。

　　圖 2-1 展示了智慧形狀記憶材料的自行折疊過程，它們對溫度有些微不同的反應。採用折疊速率有細微差別的材料，以確保折疊時元件之間不會相互妨礙。而元件能以準確定時的方式，對溫度、濕度或光線等刺激做出反應，從而形成立體結構、可展開醫療設備、機器人玩具和其他各種結構。

圖 2-1　智慧形狀記憶材料

　　通俗理解上，4D列印的材料是基於一種具有「形狀記憶」功能的材料，或許說是一種具有智慧邏輯的材料，不過當前能滿足4D列印技術的材料，依然比較稀缺。如果3D列印的材料還處於解決的路上，那麼4D列印的材料則還處於起步階段，但這一技術的出現，必然引發新材料的革命，也將促進新材料的發展。而基於4D列印的材料，將會是未來的一個巨大風口，其商業價值不亞於「大數據」這一金礦的價值。

2.3 給材料一個刺激

我們已經知道，4D 列印可以透過使用不同特性的智慧材料，來實現元件對外部環境變化的反應。這裡除了「智慧材料」之外，另一個重要的部分就是「外部環境的變化」，即「對材料的刺激」。根據列印部件對外界刺激的反應程度不同，4D 列印可分為水、熱、磁、電、光等多種驅動方式。

💠 水驅動 4D 列印

水反應的材料一般是遇水膨脹的材料，這種材料並不罕見，就好比我們熟知的大豆、水晶寶寶和尿布的吸水層。透過巧妙運用這些常見的材料，科研人員成功實現了 3D 列印結構在水下的變形，這就是水反應的 4D 列印。

水驅動 4D 列印技術的關鍵就在於「材料的膨脹性質」，而單一材料的膨脹率是相同的。如果只用單一膨脹率的材料進行列印，那麼結構在水中只會簡單地放大和縮小，並不能實現複雜的變形。為了解決這個問題，研究人員採用了多材料的列印方法，類似於一台縫紉機，將兩種或多種材料按照特定的方式編織在一起，透過這種方式，不同的材料排列方式和彎曲方向的不同，使得整個結構可以實現複雜的變形。

相同材料也能夠實現 4D 列印，學術期刊《Nature Materials》在 2018 年就報導了這一突破。在這項研究中，科學家們採用了一種創新的方法，透過將奈米纖維加入到溶液中，調製出一種特殊的漿料，使其適用於 DIW（直寫法）列印工藝，這種特殊的漿料在透過噴嘴時，表現出一種剪切稀化（shear thinning）的特性，即在經過噴嘴時，漿料變得更加流動。而奈米纖維在這個

過程中，會沿著擠出方向重新排列，在這個狀態下，固化後的漿料呈現出了各向異性，這意謂著在垂直於擠出方向的膨脹率高於平行於擠出方向的情況下，同種材料會產生不同的膨脹率。透過類似墨水直寫的方式，科學家們成功地列印出了雙層結構，而這個過程中，同一種材料在不同方向上，表現出了差異化的膨脹率，如此一來，就實現了複雜的變形，形成了一種在水中具有獨特變化形態的結構。

水驅動 4D 列印部件，通常由暴露在水中時具有體積變化的材料作為驅動元件，而親水性材料作為基質元件，當驅動部件與水分子結合時，體積發生變化，發生變形。例如：親水性聚合物遇到水時會形成水凝膠，導致體積急劇增加，纖維素與水分子結合時會膨脹，基質的驅動成分的變形最終會使水環境中的整體結構變形。實現水驅動 4D 列印所需要考慮的主要問題是，製備具有溶脹各向異性的列印材料，以及在水環境中設計不同方向具有不同溶脹特性的列印材料。

水驅動 4D 列印技術的列印材料相對容易製造，不需要複雜的列印設備，它可以實現很大程度的變形，有望應用於人體、水下機器人等領域，不過由於使用水反應型智慧材料的部件高度依賴於水環境，因此實現遠端精確控制仍然是一個具有挑戰性的問題。

🔶 熱驅動 4D 列印

熱反應材料的 4D 列印的材料和工藝相對成熟，熱反應材料都是基於材料的相變或者玻璃轉化，對應於相變溫度（Tm）或者玻璃轉化溫度（Tg）。

在 4D 列印中，材料在相變溫度或者玻璃轉化溫度之上，透過 3D 列印的材料進行成形，然後在相變溫度以下施加外力變形，進行二次構型，這時的形

貌是臨時形貌，臨時形貌能在相變溫度之下一直保持，但當溫度恢復至相變溫度之上時，形狀又恢復列印時的形狀。目前可用於 3D 列印的熱反應材料比較廣泛，例如：形狀記憶材料、水凝膠、液晶彈性體等，特別是可以反應熱刺激的熱塑性形狀記憶聚合物或形狀記憶合金，又更多地被用作熱驅動 4D 列印材料。

其中，熱驅動形狀記憶聚合物比形狀記憶合金更容易製備，因此被廣泛應用於熱驅動 4D 列印技術的研究。熱驅動形狀記憶聚合物的形狀記憶功能，源於其分子鏈組分在溫度刺激下的玻璃化轉變或熔融轉變。

而熱驅動 4D 列印元件的經典製造工藝是，利用增材技術製造具有初始形狀的元件，然後當元件高於聚合物的玻璃轉化溫度（Tg）時，將元件從初始形狀調整為臨時形狀，保持臨時形狀，並將其冷卻至玻璃轉化溫度以下，以使臨時形狀穩定；當再次加熱至玻璃轉化溫度以上時，元件可恢復其原始形狀，實現形狀記憶功能。

一項有趣的研究中，研究人員利用兩種材料之間的熱應變差異，透過加熱時產生的不同熱應變，實現垂直於列印纖維的彎曲變形，這一機制形成了一個獨特的抓取裝置，由手掌和手指組成，「手掌」是一個預先製作的結構元件，上面裝配了三個靈活的「手指」。當整個結構被加熱時，由於材料的熱應變差異，三個手指會發生彎曲變形，就像手掌在抓取物體一樣。

此外，當溫度發生變化時，熱驅動 4D 列印元件通常整體變形，但在實際應用中，我們通常需要控制部件的局部變形。為此，研究者們研究了可以實現局部變形的成分。例如：在花瓣的設計中，使用了具有不同玻璃轉化溫度的形狀記憶聚合物，以實現花的分層開花和簡單控制。

熱驅動 4D 列印元件不僅可以穩定地保持臨時形狀，還可以透過控制溫度來調整臨時形狀，從而使元件具有不同的機械性能。一些研究人員就結合形狀記憶聚合物的臨時可調形狀特性，透過設計超材料的微觀結構，創造出形狀可調、彈性模量顯著變化、可重複使用的智慧多穩態超材料，這種材料可應用於軟機器人和變形的翅膀等領域。

磁驅動 4D 列印

磁驅動 4D 列印技術是透過磁場啟動並控制 4D 列印部件，主要有「直接反應」和「間接反應」等兩種實現方式。

「直接反應法」是將混合有磁性顆粒的基質固定成臨時形狀，並將其置於磁場中。磁場改變了磁性顆粒中的磁疇，當再次施加相同的磁場時，基體中的磁性顆粒的磁場會對施加的磁場做出反應，從而實現形狀記憶。「間接反應法」是基於磁性顆粒在磁場中的磁熱效應，利用熱量驅動元件，這種方法也是熱驅動方法的變體，即透過對材料的熱敏感性實現形狀的可控變化。

在磁驅動 4D 列印方面，科學家們也已經進行了深入的探索。有研究人員利用黏合劑噴射 3D 列印技術，成功實現了 Ni-Mn-Ga 磁性形狀記憶合金網狀零件的增材製造，這為磁驅動技術在金屬領域的應用提供了有力支援。另一方面，研究人員也研究了含有軟磁鐵顆粒的複合列印油墨材料，透過 PDMS/Fe 墨水製成的蝴蝶樣品，在外加磁場中快速拍動，展示了磁驅動技術在仿生學和生物醫學領域的廣闊前景。還有，研究人員採用分散有磁粉的紫外線固化凝膠材料，透過施加磁場產生磁各向異性，製造了蠕蟲型磁碟機和人造纖毛，展示了磁驅動技術在機器人學和奈米技術領域的潛在應用。

相較於熱驅動法和水驅動法，磁驅動 4D 列印技術對外部環境的依賴性更小，實現了遠端控制，誘導了一種非接觸的熱變形，這一特性使得磁驅動技術在特殊環境或需要特定條件下操作的場景中具有獨特的優勢。此外，由於磁場可以實現快速變化和轉換，因此磁驅動 4D 列印元件通常具有更高的反應速度，為即時變形和精準控制提供了可能性。

⬡ 電驅動 4D 列印

電驅動 4D 列印技術主要是利用電流的電阻加熱效應來實現的。簡單來說，就是在材料中嵌入能夠透過電流加熱的特殊材料，如電熱絲或導電填料，當這些材料受到電流通電時，就能啟動形狀記憶效應，從而控制材料的形狀變化。與其他驅動方式相較，電驅動有著更高的加熱效率和更迅速的反應速度，而且不需要改變外部環境溫度。

在電驅動 4D 列印中，已有研究人員利用了 FDM（熔融沉積成形）原理，採用碳纖維增強聚乳酸形狀記憶複合材料（CFRSMPC）成功製造了電驅動 4D 列印元件，這種複合材料中的碳纖維不僅擔任了強化材料的角色，還表現出引人矚目的電熱效應。

其中，使用 FDM 原理，科學家們透過將碳纖維與聚乳酸混合，創造了一種獨特的複合材料，碳纖維在其中充當了增強劑的角色，為整體結構提供了強大的支撐。與此同時，這些碳纖維還具有電熱效應，這意謂著它們可以透過電流加熱，進而啟動形狀記憶效應。實驗結果顯示，在短短 75 秒內，這些元件展示出卓越的電致形狀記憶效應，形狀恢復率超過 95%。

這一結果意謂著，科學家們能夠透過電流精確地控制複合材料的形狀，而無須改變外部環境溫度，這將為 4D 列印應用打開了嶄新的可能性，尤其在需要快速反應和精準形狀變化的領域，如醫療器材和智慧材料方面。

光驅動 4D 列印

光驅動 4D 列印技術是利用光作為激發源，透過改變光照下的 4D 列印元件的結構或外觀。此前的一項研究表明，含有肉桂基團的聚合物在紫外線照射下，可以變形並固定成預定形狀，如拉長的薄膜、管、拱形或螺旋形，即使在加熱到 50℃ 的情況下，這些變形也能夠保持較長時間的穩定。有趣的是，這些聚合物在不同紫外線波長下的暴露後，能夠在環境溫度下恢復原來的形狀。

另一項研究涉及使用近紅外線（NIR）啟動的形狀記憶聚合物，以生物材料為原料合成 V-fa/eco 聚合物，而這種共聚物可以直接用作列印材料，無需其他聚合物作為基質材料。在這項研究中，當列印材料中 ECO 的品質分數超過 50% 時，在 808nm 的近紅外線下，列印樣品可以在 30 秒內被遠端驅動，並且具有很高的回收率。

光驅動 4D 列印技術有一個顯著的優勢，那就是可以實現遠端精確控制，然而需要注意的是，當部件受阻或列印材料的透明度較差時，該驅動方法可能會面臨失敗的風險，從而限制其應用範圍。

4D 列印助力：室溫超導

2023 年 7 月 22 日，韓國科學家發表了關於室溫超導的論文，宣稱成功發現了世界上第一款室溫超導體 LK-99，一種名為「改性鉛磷灰石晶體結構」

（LK-99，一種摻雜銅的鉛磷灰石）的材料，引發了全世界的關注；顯然的，這是一項具有極大爭議的劃時代研究，也是目前很難短時間被證實可以被驗證的技術。在這篇論文發表之後，我就有過公開的評論，主要表達兩個觀點，第一是目前室溫超導要真正成為現實，還有很大的困難，這項研究還具有很大的不確定性，並且複現的難度也很大；第二是韓國科學家的這種材料思路非常有價值，就是利用材料面部的晶體的晶格變化來消除電阻，那麼這就跟 4D 列印有著很大的關聯，或者說 4D 列印將在一定程度上決定著室溫超導材料的實現，我將在下面繼續討論這個問題。

目前超導的特性需要在極低溫和極高壓的嚴苛環境下才能實現，現有超導市場主要有「低溫超導」與「高溫超導」，二者臨界溫度不同，其中臨界溫度較高的，即高於 40K（零下 233.15℃）的為高溫超導體，也就是說，即便被稱作「高溫」，也是個相對概念。1986 年，科學家首次發現高溫超導材料，將臨界溫度大幅提高，可以使用低價的液氮，極大地拓展了超導的應用場景。而中國在超導材料方面，經歷了 30 多年的發展，在高溫超導行業已經發展到了第二代高溫超導帶材，並且實現量產，很顯然這個過程也經歷了非常漫長的時期。

那麼，回到韓國科學家的論文，根據論文中的描述，韓國研究團隊將幾種含有鉛、氧、硫和磷的粉末狀化合物混合在一起，然後在高溫下加熱數小時，粉末發生化學反應，得到一種摻雜銅的鉛 - 磷灰石晶體。隨後，研究人員測量了毫米大小的 LK-99 樣品在不同溫度環境下對電流透過的阻力，發現其所謂的電阻率從 105℃時的較大正值急劇下降到 30℃時的幾乎零電阻，這意謂著在這個溫度範圍內 LK-99 具有超導性。

而 LK-99 中之所以會出現這種超導情況，到底是由什麼原因引起的呢？韓國的研究團隊認為，這是由微小的體積收縮（0.48%）導致的結構形變引起

的。他們解釋說，當 LK-99 樣品從高溫冷卻到低溫時，這種材料的導體的晶格結構會發生變化，導致鉛原子之間的距離縮短，從而增強了鉛原子之間的電子耦合作用。這種電子耦合作用使得電子能夠克服排斥力並配對，在不損失能量的情況下自由流動，從而實現超導性。

簡單的理解就是在室溫的情況下，只要材料的內部晶格能夠發生位移變化，就能實現電子在流動的過程中可以避開碰撞晶格的情況，以減少電阻的現象，從而實現超導性能。這也就意謂著，藉由 4D 列印技術讓材料在特定的介質觸發下，就能在室溫的情況下實現材料內部晶格的變化，也就能實現室溫超導的性能，並且還可以按照特定的需要，在特定的環境與形態下，實現材料相應的自變形，從而實現超導的性能。

2.4　新型設計軟體

有了 3D 印表機，任何想像都可以被列印成現實，而有了 4D 列印，我們的想法將被賦予更多的變化與想像。而 3D 列印技術的發展，必然會有利於 4D 列印技術的探索、應用，其中包括對設計軟體的推動。因為 4D 列印不僅考慮了物體的三維形狀，還引入了第四維，即時間，這意謂著列印出的物體可以在特定條件下發生形狀變化，使其更具適應性和智慧性。

在這個背景下，設計軟體的創新變得至關重要，以滿足對於時間維度控制的需求。例如：我們要列印一個衣櫃，在原始狀態下是疊加層狀（圖 2-2），使用者放置到指定位置並給予其觸發介質時，疊加層就自動驅動、變化、組裝成所設計的衣櫃（圖 2-3），而在這個過程中除了材料本身之外，自組裝

的模型成為了核心關鍵。模型連接著兩段，一端為初始端，一端為組裝結果端，而這個中間發揮驅動、連接作用的就是模型設計過程，在模型設計過程中植入自組裝的過程路徑與結果，再藉由介質進行驅動。

圖 2-2　疊加層

圖 2-3　衣櫃

　　模型設計顯然需要藉由電腦輔助軟體進行實現，因此在 4D 列印技術發展的過程中，必然將帶動 CAD 軟體的進一步發展，不再侷限於目前靜態的三維資料驅動，更多的則是融合時間的引數因素對模型進行設計，或許這個過程需要融入人工智慧技術。

　　首先，4D 列印設計軟體需要具備先進的建模功能。與傳統的 3D 建模軟體相較，4D 設計軟體需要能夠捕捉並嵌入時間元素，這包括對物體在不同時間點的形狀、結構和屬性進行建模，為物體的時間演變提供基礎。

　　其次，設計軟體需要引入智慧演算法和模擬技術。在 4D 列印中，物體的形變通常受到外部刺激（如溫度、濕度、光照等）的影響。這一要求對設計軟體提出了更高的挑戰，因為物體的形變可能會在多種外部條件的相互影響下發生。為了保證物體在各種條件下都能按照預期進行變化，設計軟體需要實現高度複雜的模擬，這意謂著軟體必須能夠準確地類比和預測材料的反應，以及在不同環境中物體形變的細緻變化。

引入智慧演算法和模擬技術的設計軟體，將不僅僅是一個簡單的建模工具，更是一個能夠理解和適應外部環境變化的智慧系統，這樣的軟體將能夠根據具體的 4D 列印任務來自動調整和優化設計，以適應不同的工作條件和要求。

此外，4D 列印設計軟體需要提供直觀的使用者介面，以便設計者可以輕鬆對物體進行時間演變的調整。顯然的，在 4D 列印的普及應用過程中，如果要讓 4D 列印進入大眾生活中，顯然要剔除設計的專業性，也就是說，任意使用者藉由設計模型的平台輸入自己的想法，設計軟體就能根據不同的自組裝變形方案進行設定，因此 4D 列印設計軟體就需要設定變形的起始和結束時間、調整變形的速度和幅度等參數。使用者友好的介面有助於推動更多人參與到4D 設計的過程中，從而推動創新和發展。

4D 列印設計軟體的發展也需要與硬體設備的協同。設計軟體與 3D 印表機之間的協同工作，將是未來的一個關鍵因素。軟體需要能夠與印表機即時通訊，以確保物體在列印和變形過程中保持同步，這要求設計軟體具備先進的連線性和通訊技術，以實現與硬體的高效互動。

可以說，4D 列印的設計軟體將成為繼列印材料之後的又一關鍵技術。為了抓住這一浪潮機會，並充分應用與推動好這一新技術，Autodesk 公司的研發團隊為此專門設計一款新軟體 Cyborg，主要是藉由電腦類比技術原理，根據自我組裝和可程式設計材料的原理進行模擬設計，以此幫助使用者實現設計的優化和材料折疊關係的處理。

4D 列印神奇之處與 3D 列印截然不同，3D 列印革新的關鍵是印表機技術及材料，而 4D 列印革新的關鍵是模型設計或是模型程式設計及材料，而這兩者之間的材料則不在一個層面。3D 列印的邏輯是透過預先建模，再透過印表機

列印出最終的成品，而 4D 列印的邏輯則完全不同，4D 列印是把產品設計及時間因素，透過 3D 印表機嵌入可以變形的智慧材料中，而不是簡單地將模型透過列印呈現出來。在特定的觸發介質下，這些智慧材料會被啟動，使列印的模型或材料進行自我組裝。

而這一過程中，不需要藉由人的進入來實現組裝，也無須人為干預，並且在列印模型的過程中，也不需要植入電子元件或者機電設備，是一種純材料透過觸發實現的自我組裝、變形，最終搭建出使用者原先設定的模型。

也就是說，4D 列印出來的初級模型或許是一塊板（圖 2-4），但藉由特定介質的觸發，在特定的時間內可以自動、自我組裝成一張桌子或一把椅子（圖 2-5），而這個過程不需要藉由人工，也不需要藉由任何的外部工具，完全由材料自身按照事先的設計進行自我組裝。可以說，4D 列印不僅能夠透過智慧材料的自主行為來實現產品的組裝，還能讓產品擁有形態變化的奇妙功能，這正是 4D 列印顛覆了傳統的製造與商業，以及服務的魅力所在。

圖 2-4　塑膠板

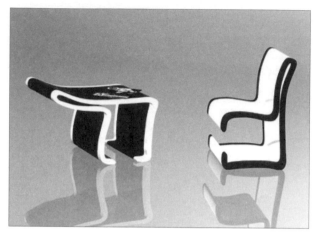

圖 2-5　塑膠椅子及桌子

這種靈活性和智慧性的製造方式也帶來了明顯的優勢。首先,減少了對人力的依賴,自動化程度更高,降低了生產成本;其次,無需複雜的外部設備,簡化了生產過程,提高了生產效率。最重要的是,這種智慧材料的自主行為為創新和個性化提供了更廣泛的空間,製造業可以更靈活地應對市場需求的變化,生產出更加獨特和符合使用者個性化需求的產品。

2.5　4D 列印向前狂奔

作為一項新興技術,目前 4D 列印正處於快速發展階段,國際上針對 4D 列印技術的研究,主要圍繞 4D 列印材料的拓展、成形技術的創新、設計工具的開發等方面開展,並已取得了一定的成果。

首先,4D 列印材料的種類還在不斷拓展,功能更加多樣。新型材料是 4D 列印中的關鍵要素之一,應用於 4D 列印的材料,需要在環境改變的條件下實

現自變形、自組裝、自我調整等多種功能，因此材料的拓展成為 4D 列印技術的重要研究方向之一。經過多年的發展，目前 4D 列印材料的種類已經從水凝膠等聚合物材料擴展至複合材料、有機材料以及陶瓷材料等。

2014 年，麻省理工學院的研究人員研發出了更多種類的 4D 列印材料，包括木材、碳纖維、紡織複合材料、橡膠，這些材料進一步拓展了 4D 列印技術的應用範圍。

2018 年 8 月，香港城市大學的研究團隊採用聚合物和陶瓷奈米粒子開發出新型陶瓷墨水，並以此列印出柔韌、可拉伸的陶瓷前體，克服了陶瓷前體通常難以變形的限制，最終在熱處理的作用下得到堅固的陶瓷，首次實現陶瓷材料的 4D 列印以及複雜折疊結構陶瓷的製造。這項新技術具有低成本、機械穩定性高、可自主變形等優點，有望應用於航空航太推進部件、空間探索設備、電子設備和高溫微機電系統等領域。

此外，4D 列印成形技術也在持續創新。在 4D 列印技術中，採用合適的方式，使列印出的智慧材料能夠按照設計預期實現自組裝、自癒合、自變形等功能，也是不可忽視的一個環節。新型材料的不斷拓展，帶來了更多成形方面的挑戰，而先進的設計技術，則需要實現多材料的同步精確列印，因此成形技術的推陳出新，成為了 4D 列印研究中的一個熱門主題。

2016 年 8 月，麻省理工學院使用微立體光刻列印技術，首次實現了微米尺度（1 毫米 =1000 微米，相當於一根頭髮絲的直徑）可變形材料的 4D 列印，列印出的產品即使受到極端壓力或扭轉彎曲，只要將其置於適宜的溫度下，即可在幾秒鐘內恢復原狀。研究人員採用該技術製造出一種小型夾持裝置，其在常溫狀態下處於張開狀態，升溫後轉變為夾緊狀態，藉此實現抓取功能。簡而言之，越是在微小的水準上製作，那麼這些材料就越能快速恢復，

恢復速度快至幾秒之內。以自然界的花朵為例，一朵花可以在幾毫秒的時間內釋放出所有的花粉，這是因為它的觸發機制是在微米量級上發生的。

與此同時，研究人員也一直在尋找理想的聚合物組合來做出一種形狀記憶材料，以適應其光刻圖案。他們選中了兩種聚合物，一種形狀像是彎彎曲曲的義大利麵，另一種交錯縱橫，像是建築工地上的腳手架，將兩種聚合物混合在一起，所形成的新材料可以承受巨大的拉伸和扭曲，而不會損壞。而這種新型複合材料的特點是可以承受巨大的形變，並可拉伸至原有形狀的三倍，這比現存的任何可列印材料的變形程度都要大。該新材料可以彈回至原來的形狀，即剛從印表機裡出來時的形狀，當它暴露在 40~180℃ 的溫度時，能在幾秒內俐落地恢復原形。如果能將整個製作過程降至更小的量級，我們或許能夠將恢復時間縮短至幾毫秒，這一技術未來有望在航空航太結構件、太陽能電池、生物醫學設備等領域獲得應用。

2018 年 6 月，美國維吉尼亞理工大學的研究人員開發出一種集成樹脂輸送的多材料可程式設計增材製造技術，該技術具有樹脂現場混合、輸送和轉換功能，並能夠實現自清潔，可以進行微尺度多材料增材製造，並避免了不同材料間的交叉污染，該技術開闢了 4D 列印向微尺度發展的道路。

從設計軟體創新來看，4D 列印技術直接將設計內置到材料中，簡化了從設計理念到實物的製造過程，但是這種製造方式同時也為設計工作帶來了新的挑戰，設計人員需要提前預測材料在不同條件下的反應，並以此為基礎開展設計工作，因此 4D 列印軟體應運而生。

Autodesk 公司開發出名為「Cyborg」的設計工具軟體，能夠用於優化 4D 列印設計。該軟體透過相互耦合的軟硬體工具進行模擬，取代了傳統類比軟體先類比再構建或者先構建再調整類比的模式，能夠類比 4D 列印過程中的實際形變，並允許使用者建立專用設計平台進行優化設計。

麻省理工學院電腦科學與人工智慧實驗室研發出名為「Foundry」的軟體，可以幫助設計人員根據設計需要，為 3D 數位模型的不同部位分配不同材料，從而輕鬆實現多材料 3D 列印，為 4D 列印的設計工作提供了支撐。

在一系列技術的突破下，擁有「自我意識」的產品正在誕生，這也將徹底改變當前的 3D 列印以及相關行業，例如：建築、傢俱、管道、服裝、玩具、軍工等產業，與當前火爆的 3D 列印相較，4D 列印它將具有更廣闊的發展前景與影響。

以設計與便捷組裝為核心的宜家傢俱（圖 2-6）為例，儘管宜家傢俱與傳統傢俱相較，在運輸、組裝方面具有明顯的便捷優勢，但我們還是需要花費人工對其進行組裝。

圖 2-6　宜家傢俱

而藉由 4D 列印則完全不同，4D 列印所擁有的不只是更為智慧，而是所列印的物料可自我創造，我們所購買的或許只是一塊多個層次的板材，但運送到指定地點，並在指定的時間給予特定的觸發介質，不論是水、氣體、聲音等，就能觸發其自我組裝成形（圖 2-7），而不再需要藉由人工或者外力。

圖 2-7　自組裝傢俱

斯凱拉・蒂比茨（Skylar Tabbis）認為，4D 列印這項技術能在普通 3D 列印的基礎上，讓被列印的物體獲得根據環境因素（如聲音、光、熱和水等）的不同，而改變形狀的能力。斯凱拉・蒂比茨說：「4D 列印技術的關鍵是材料，那些已知的、會因為環境因素的變化而變化的材料，例如：記憶合金，藉由這些材料，我們再根據我們希望得到的變化來組合這些材料，並最終進行列印」。而 4D 列印的終極發展目標，是實現這樣一種科幻般的場景，也就是前面所探討的，像是去宜家買了一套傢俱，不需要我們手動來組裝了，它們自己就能把自己組裝起來。

4D 列印所帶來的意義也是前所未有的，不僅是對製造業生態鏈的影響，更是對商業生態鏈的影響。也就是說，將後期組裝或者成形的結果預先在前期模型中進行設定，然後在需要的時間範圍內，透過外在介質觸發，讓列印出來的物體進行自我組裝。當然，未來不僅是自我組裝，還將演變成類似於自我製造的形式，或者我們也可以理解為，所謂的 4D 列印就是將一種記憶智慧植入到材料之中，在介質的作用下，就觸發了其記憶並實現組裝。

如此一來，或許我們可以看到一種場景，我們可以把它想像成一個不需要電線和引擎的機器人，幫助人類完成很多危險或者力所不及的項目，例如：

太空或深海設備的安裝，或者是摩天大樓的建造。而它與機器人不同的地方在於，並不需要透過電力驅動，或者是後端的晶片程式控制，而是藉由預先的模型設定。

當然，目前的 4D 列印還處於一種萌發階段，隨著科技的迅猛發展，也許要不了多久，利用 4D 列印技術，科幻電影中的諸多場景就會真實發生在我們周圍。4D 列印的到來，或許就如同我們面對智慧穿戴一樣，在我們毫無準備的情況下，一夜之間就來到了我們身邊。4D 列印改變的不僅是組裝，而是一種自我調整的變化，未來我們所使用的物品都將成為超級物品，例如：一個咖啡杯可以根據咖啡的溫度做出調整；一個沙發可以根據客人的體型變換不同的大小；一輛汽車在遇到湖泊時，將自動變成飛船，幫助我們脫離危險。

生活篇

4D 列印所引發的變革，首先就體現在我們衣食住行等生活的各個方面，從此之後，食物是 4D 列印的，衣服是 4D 列印的，首飾是 4D 列印的，連成人用品也可以是 4D 列印的。打開 4D 列印的神祕面紗，世界將因此變得多彩多姿。

3.1 4D 列印在餐桌

目前，4D 列印在食品領域已有了一定的應用。在食品領域，研究人員通常以大豆蛋白、馬鈴薯、凝膠、南瓜、澱粉、天然纖維物質等為原料，按照特定的配方和結構對其進行設計組合，並在一定環境刺激下，例如：壓力、溫度、風、濃度差異、水、pH 值或光，使列印物的形狀、屬性和功能隨時間發生變化，以此生產出 4D 列印食品。

不同的刺激方式對列印材料具有不同的影響，例如：魚肉泥在乾燥與微波兩種刺激下，微波刺激可以使魚肉泥更快凝膠化，從而使列印出的產品形狀和結構優於乾燥刺激列印出的產品，因此對於 4D 列印食物，我們可以根據列印材料的含水量、質地、紋理等性狀的不同，選擇最佳的刺激方式進行處理，使列印材料在經過刺激處理後，能達到提高列印食品品質的目的。

當前，隨著 4D 列印技術在食品領域應用的不斷完善，越來越多可用於列印技術的食品材料被開發出來，目前可用於 4D 列印食品的材料主要有巧克力、麵粉、水果蔬菜混合物、大豆分離蛋白和凝膠類原料，其已經可以與多種烹飪工藝相結合來製作美味的佳餚，不過由於 4D 列印食品技術仍然在研究階段，因此還沒有全面實現商品化生產，只被應用於部分烹飪廚房中，其中凝膠類原料在 4D 列印食品中具有更廣泛的應用。

此外，肉類作為我們日常飲食中重要的組成部分，可以為人體提供必需的營養與熱量，也可以作為 4D 列印食品的主要材料之一，但肉類原則上是不易列印的，所以如何更好地列印肉類原料，也正成為 4D 列印在食品領域的研究熱點。

要知道，自 1960 年至今，全球人口翻了一番，人類對動物製品的消費已經增長了五倍，這一數字還將繼續增長，其中隨著印度等國家變得越來越富裕，許多以前主要以植物性飲食為主的人，開始轉向需要大量肉類、雞蛋和乳製品的美式飲食，然而生產肉又會給地球帶來了巨大的環境壓力。

早在 2006 年，聯合國就出過一份非常詳細的報告，分析全球暖化的危機以及人類的飲食（特別是肉食）對全球暖化的影響。實際上，氣候變化的誘因不僅僅來自汽車、工業的廢氣排放，糧食系統和膳食結構在環境退化和氣候變化中也有重要的作用。

全球糧食系統（包括從糧食生產到消費和浪費各環節）會產生大量溫室氣體排放，影響氣候和環境變化。對於畜牧業來說，畜牧業需要消耗大量的土地、糧食和水資源，並且畜牧業還是溫室氣體的主要來源，根據 BeyondMeat 官網，在動物豢養過程中，會多產生超過 50% 的溫室氣體。

2017 年 8 月，聯合國系統營養問題常設委員會曾發表過的一份名為《提倡可持續膳食，促進人類健康及地球健康》的報告預測研究表明，如果全球膳食結構隨收入變化（即趨向於更多動物蛋白），那麼作物和畜牧生產所產生的全球人均膳食相關溫室氣體排放量將在 2009 年至 2050 年間增加 32%。

舉個簡單的例子，牛肉的生產比蔬菜與穀物的生產，需要多出 8 倍的水資源與 160 多倍的土地資源，這是因為生產牛肉的食物鏈條，比生產蔬菜和穀物的食物鏈條要長得多。簡單來看，就是人類種植穀物，穀物製成飼料，用飼料養殖牲畜，人類食用牲畜，而一頭牛要長出 500 克肉，必須吃掉大約 6000 克的穀物。在美國，家畜已經吃掉了 60% 的糧食，畜牧業還非常耗水，500 克牛肉需要約 7041 升水。

與此同時，地球上的水資源正在面臨嚴重危機，過度抽水灌溉農田，使得水資源危機正在世界各地發生，更糟的是肉類生產與氣候變化息息相關。在人類排放的所有溫室氣體中，14.5% 來自畜牧業，畜牧業的溫室氣體排放量與所有交通工具（包括乘用車、卡車、輪船、飛機等）的排放總量差不多，正是這一個矛盾難以調和，所以才需要用科技手段來解決全人類的吃肉問題，4D 列印肉就是其中重要的科技手段之一。

特別值得一提的是，藉由 4D 列印技術的人造肉與基於 3D 列印技術所製造的人造肉，其最為關鍵的區別在於，4D 列印技術的人造肉將會給生活帶來更大的便利。例如：我們將不再需要進行切片工作，在列印的模型中預先設定自分類的變形智慧，在需要的時候只要放入水中一洗，塊狀牛肉將自動分離為片狀，如圖 3-1 所示。

圖 3-1　自變形牛肉

此外，在個性化食品訂製領域，消費者還可根據個人的需求，透過 4D 列印食品技術與數位烹飪技術相結合的方式，訂製更具特色的 4D 列印產品。根據使用者的不同需求，讓其產生不同的變化，餐桌不再侷限於味覺的盛宴，更是一場視覺的盛宴。尤其在兒童食品領域，像是迪士尼之類的親子樂園，使用 4D 列印所製作的食物，在特定的介質觸發下會產生奇妙的自變化，例如：

在一個漢堡上淋上水，就能讓漢堡變成米奇的形狀。顯然的，4D 列印是比3D 列印食品更為神奇的一項新技術，對食品創意將會帶來根本性的影響。

3.2　4D 列印在時尚

皮革包包

相較於肉製品的列印技術而言，皮革將更容易被應用，主要是從技術層面來看，皮膚的結構比肌肉更簡單，生產起來更加容易。

從生物學角度來講，肉的組織比皮毛的製造要複雜很多，皮毛更接近於2D，但肉的製作則是較為複雜的 3D 技術。除了技術，對於培育出的這種皮革的監管也相對簡單，人造皮革生產出來後，可以利用它來做大量產品的設計，例如：皮帶、皮包、皮衣等，如圖 3-2 所示。藉由 4D 列印技術，皮革的紋路將會根據使用者不同的社交需求進行自變形，也可以根據使用者的不同社交場景，對包的形狀發生自變形，這些多以裝飾為主的皮革產品，其裝飾性將更加豐富多彩。

圖 3-2　愛馬仕皮包

不久的將來，女性不必再為不同的社交場合而準備過多的包，或許一個 4D 列印的包就能為我們變化出多種形態，來滿足不同的社交要求，尤其對於一些喜歡時尚與追求不斷變化的女性而言，一個 4D 列印的包可以根據不同的需求而變化出不同的樣式，就能更好的滿足女性時尚的需求。另外，相較於人造肉的普及應用而言，皮革更將容易應用的主要原因在於，其監管條件相對寬鬆。

 ## 時裝首飾

儘管時裝產業具有悠久的歷史，尤其以女裝產業，消費市場上幾乎不缺女裝，批量的、訂製的、各種尺碼、各種款式，但這唯一不能解決的問題是，如何讓每一件衣服都能讓人穿得貼身、曲美。

儘管 4D 列印技術出現的時間還非常短暫，但這並不影響它的發展。美國麻省科技設計公司 Nervous System 就曾研發出一種利用 4D 列印技術來製造的彈性貼身布料，並列印出全球第一件 4D 裙，如圖 3-3 所示。

圖 3-3　4D 列印裙

該裙子解決了不合身的問題，並且會根據穿戴者的體型情況進行自我改變，更神奇的是還可以自動變化造型，這或許正是女性衣櫃裡缺失的那件衣服，如圖 3-4 所示。而製作該裙子的布料纖維由 2279 個三角形和 3316 個連接點相扣而成，三角形與連接點之間的拉力，可隨人體形態變化，即使變胖或變瘦，4D 裙也不會不合穿。

圖 3-4　4D 列印的自變化裙子

這條裙子在印表機內部所需要的空間比列印普通 3D 模型要大很多，但是技術人員仍然可很完整地列印出整條裙子，同時研發人員還用 4D 列印技術列印出一系列與這條裙子搭配的珠寶首飾，這些首飾毫無疑問也是可以根據人體結構來自動變形，如圖 3-5 所示。

圖 3-5　4D 列印首飾

Nervous System 所採用的 4D 列印材料的原理，在麻省理工的基礎上又有了新的突破，其採用的是「選擇性雷射燒結」技術，利用雷射光束燒結尼龍粉末材料製造原型，雷射光束不會燒結三角形與連接點之間的粉末，未被燒結的粉末於列印後掉出來，形成環環相扣的纖維，每條裙子需要 48 小時製作，造價達 1900 英鎊，這價格絲毫不影響女性的青睞。

而這透過 4D 列印技術列印的裙子，意謂著 3D 列印物體的形狀能夠自動轉變成另一個形狀，使設計者不需要手工勞動，就能轉換成它最終的設計形式。為此，Nervous System 還專門研發了應用程式，讓使用者先對自己的身體進行 3D 掃描，再選擇布料尺碼和形狀，即時親手打造獨一無二的 4D 裙。

雖然我們很早就可以透過 3D 列印技術列印各部分零件，然後手動地把這些部件組裝在一起，創造一件大件的物體，然而 4D 列印與眾不同的是，列印好的物體能夠自動組裝或是轉變成預設的形狀。而與麻省理工理解不同的是，他們把這一處理過程稱為「運動學」，與力學的其中一個分支相同的名字，也被稱為「運動的幾何」，它描述的是物體的運動而不是運動的原因。

Rosenkrantz 說：「我們認為『運動學』最大的好處是，它可以把任何的三維物體轉換為一個靈活的結構，然後用來 3D 列印，公司透過電腦折疊程式，可以把結構進一步壓縮。」

為了製造出這些裙子，一個 3D 人體形態掃描器必不可少，它是數位服飾模型的基礎，透過選擇三角形的鉸鏈網狀結構，最終成品的硬度和狀態可以在這一階段進行控制，這些材料下垂的模式會透過螢幕類比出來。透過電腦類比軟體，這一個數位模型可以被折疊成一個更小的形狀，然後列印出來的是壓縮的形態，當人們把裙子從印表機上拿下來後，它就會自動恢復預設的形狀。

Rosenkrantz 說道：「壓縮設計不僅使得產品設計變得更容易，也能使運輸更方便，它大大保證了靈活性衣服的創意得以實現，也可以使今天的小規模印表機進行大件結構物體的生產。」此前，Nervous System 應摩托羅拉公司的要求，開始研發這一「運動學」概念來訂製 4D 列印的個性化產品。

Kinematics 能生成由 10 到 1000 個不同的零件組合成的設計，它們能連接構建成動態或機械的結構。例如：列印一條裙子時，先是 3D 掃描顧客，接著做出裙子的草圖，然後在裙子上鑲嵌花紋，最下面就是生成 Kinematics 結構，類比裙子的懸垂特色，最後將裙子壓縮，透過計算折疊，裙子比 3D 印表機還要大，還可以一次列印完一件，而不是分成不同的部分先列印再組合成一件產品。

這些產品的價格根據不同的訂製選擇會不一樣，只要顧客喜歡並訂製好了某一個設計，就可以下訂單，然後 Nervous System 就會把它生產出來。第二個免費程式可以讓使用者在 Nervous System 的範本上試驗，再把成品在家裡列印出來。Rosenkrantz 和 Louis-Rosenberg 把這套理論進一步發展，加入了把設計折疊成它能夠達到的最小的空間結構。

其實，早在 2015 年，4D 列印技術就被嘗試用於服飾上。老佛爺卡爾·拉格斐（Karl Lagerfeld）在香奈兒（Chanel）2015 年秋冬高級訂製服裝秀上，向社會各界名流展示了運用 3D 列印技術製作的具有香奈兒品牌標誌性的經典小套裝，豔壓巴黎時裝週，但由於舒適度欠佳、難以修改，成為 3D 列印技術製作的服裝硬傷，而現在這些問題都隨著 4D 列印技術的出現迎刃而解。正如卡爾·拉格斐說：「時裝的生命力在於它總是與時俱進。時裝界需要與新技術結合，才能設計出客戶們更喜歡、更容易接受的時裝。」

美國一家名為「神經系統設計」的工作室，此前就設計了一條非常驚豔的連衣裙，由 Shapeways 3D 列印完成，已被紐約現代藝術博物館收藏。這條裙子由 Jessica Rosenkrantz 和 Jesse Louis-Rosenberg 設計，採用神經系統工作室的 4D 列印系統 Kinematics，列印出單一部件後，透過運動力學製作出複雜、可折疊的形狀，而且完全可以穿上身。成千上萬的布片透過鉸鏈相連，流暢折疊，貼合人體。

這件衣服最大的特點在於，它可以自動適應環境，即使在運動中也會時刻貼合穿戴者的身體。從理論上來說，成熟的 4D 列印連衣裙也許可以成為一個人的終身服裝，因為這件衣服會跟隨人的長大而自動變化，根據社交場合的需要而變化款式，根據周圍氣候環境的冷熱而防寒防暑。

除了上述這些基於 4D 列印技術的服飾探索之外，許多基於刺激反應的 4D 紡織品也已經獲得了突破，例如：透過刺激反應改變顏色的 ChroMorphous 面料，就是紡織行業的一項創新，這種面料是一種使用者控制的變色紡織品。使用 ChroMorphous 變色面料，我們只需要使用智慧手機，就可以隨時控制服裝和配飾的顏色和圖案。

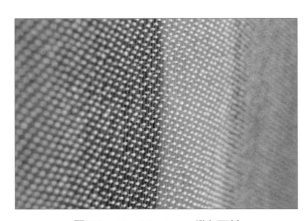

圖 3-6　ChroMorphous 變色面料

ChroMorphous 是由佛羅里達大學（UCF）實驗室的光纖和光纖設備科學家開發。過去的變色織物需要陽光或體溫才能工作，而 ChroMorphous 超越了其他變色服裝和紡織品的限制，它的獨特之處在於變色特性是按需控制的。

ChroMorphous 的每根光纖內部都包含一根導電微線。當電流透過微線時，光纖會略微升溫，啟動其變色顏料，從而產生不同的顏色和圖案。織物變色時，我們幾乎察覺不到它產生的細微溫度變化，ChroMorphous 像其他傳統織物一樣，可以被裁剪、縫製、洗滌和熨燙。想像一下，一個背包或其他配飾，可以根據你當天的服裝改變顏色；家裡的牆壁或窗簾，可以跟隨季節或者你的心情改變顏色，即使目前只有四種顏色可以選擇，但足已讓人為之心動。

4D 列印的優點，一方面是能將形狀擠壓成它們最小的佈局，並 3D 列印出來，如此列印出來的產品將沒有冗餘的東西；另一方面是其列印的物體可以根據不同的需求進行自我變化，這些是 3D 列印無法比擬的。

而 4D 列印在時裝領域的應用，將改變當前服裝的格局。例如：未來的時裝店將不再展示時裝，也不再需要庫存，而是一台人體 3D 掃描器加一台專業的設計範本的電腦，再加一面虛擬實境的鏡子，使用者可以根據自己的風格與偏好，從電腦中選擇相應的範本，而這一範本可以是任意的風格，也可以是自己的照片，系統將自動設計並生成相應款式的時裝。

藉由人體 3D 掃描器，掃描人體尺寸，並由系統自動生成精準的模型，之後與所設計的時裝進行合併，消費者就能看到一種接近於真實的展示。藉由虛擬實境的鏡子，消費者可以對其進行任意角度的旋轉展示，並根據自己的意見對其進行調整與修改，最終生成消費者心目中的那件衣服。之後可以藉由雲端服務，傳輸到列印地點進行時裝列印，也可以在配置 4D 印表機的門市直接進行時裝列印。4D 列印將會帶領時裝進入真正的私人訂製時代。

時尚高跟鞋

　　3D 列印技術進入時裝領域已不是新鮮事物，在阿姆斯特丹世界時裝中心的一個未來時裝展上，曾展出過 3D 列印的女士高跟鞋系列，它來自於一位荷蘭阿爾特茲藝術大學畢業生 Pauline van dongen 交出的時裝專業碩士學位畢業設計作品，如圖 3-7 所示。

圖 3-7　3D 列印鞋子

　　透過所展示的產品圖片可以瞭解到，這種 3D 列印的鞋子有一個共同點，就是整體無縫隙。設計外形看上去呈網狀，打破了人們傳統觀念中對於鞋子的印象，給人帶來了一種似乎不牢固的感覺，而事實並非如此，實際上它由尼龍材質列印而成，不僅輕便且具有很高的強度與韌性，它的皮質鞋墊還獲得專利，整個鞋子外層還塗有一層合成橡膠，可以增加摩擦力，更提升了鞋子的耐磨度及穿著的舒適度。

　　與此同時，中國相關產業的人員顯然也不甘寂寞，不僅列印別墅，對於鞋子這種時髦的產業當然不能放過。天津的創業人員就藉由 3D 列印技術，列印出了時髦的鞋子，如圖 3-8 所示。

圖 3-8　中國 3D 列印鞋子

　　不論是 3D 列印的鞋子還是傳統的鞋子，都無法解決一個問題，那就是鞋子的引數。也就是說，我們所購買的鞋子，它的形狀、尺碼大小是固定的，不會隨著我們所穿襪子的厚薄而改變，也不會因為我們是爬山還是散步，而改變其形狀與大小，但 4D 列印則不同，藉由 4D 列印技術所列印的鞋子，它將徹底改變我們對於鞋子的定義與認知。

　　一雙來自麻省理工自組實驗室的 4D 列印鞋，成形完全靠自己，穿上以後還可以根據腳的大小自我調整，如圖 3-9 所示。據美國 4D 列印領導者 Skylar Tibbits 介紹，透過 4D 列印的鞋子讓其自己成形，而且鞋子本身可以自我伸縮，附有彈性的材料可以讓製鞋的成本縮減到最小。同時，4D 材料更是具有魔性，可以根據外部刺激來改變自身形狀，如溫度、水、壓力等。

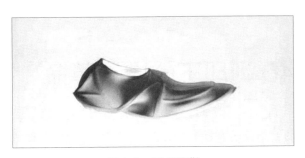

圖 3-9　4D 列印鞋

有了如此善變的鞋子，未來我們又何愁買不到合腳的鞋子呢？無論大小還是款式，未來的 4D 列印鞋子都可以滿足我們對鞋子的自訂。對於使用者來說，只要透過在智慧鏡子中試穿中意的款式後，4D 印表機會根據你的尺碼、骨骼胖瘦來自動列印出相應款式，「合腳」將再也不會是你選擇鞋子時要考慮的問題。

未來的鞋子不僅能根據我們腳腫脹的情況及所穿襪子的厚薄來自變化大小，並且還會根據我們不同的使用場合進行形狀、大小的自變形。至少有幾件事情的變化是可以預見的，一是對於女性而言，我們不必為上司或友人突然的爬山要求而尷尬，穿在腳上的高跟鞋會自動為我們變化為適合爬山或遠距離休息應用的平底鞋；二是我們不必再為不同環境下對於鞋子尺碼的大小要求而煩惱，也不必為鞋子穿久了變得寬鬆而煩惱。4D 列印的鞋子將會自動為我們變化、調整，並保持合適的尺寸，甚至在未來，它還將在應用中實現全智慧，當你穿著 4D 列印鞋子打籃球的時候，它就會切換到保護腳踝的模式；當你穿著這雙鞋走在草地上時，它就會切換成長長的草地鞋；當你穿著它走在雨水中，它就會變成防水模式。

可見，鞋子的大小、合腳等問題，還只是智慧科技下的 4D 列印技術在鞋服領域所解決的第一關問題；在未來的發展道路上，4D 列印技術指導下，還將會有更多的應用，為人類帶來神奇的使用體驗和享受，Nothing is impossible ！

3.3 4D 列印下的內衣革命

女性胸部在發育階段會有顯著的變化，到了成年之後，儘管胸部發育已成熟，但還是有許多女性在月經來潮前有乳房脹滿、發硬、壓痛的現象，重者

乳房受輕微震動或碰撞就會脹痛難受，這是由於經前體內雌激素水平增高、乳腺增生、乳房間組織水腫引起的。

　　目前的女性內衣與傳統的服飾、鞋子類似，其尺碼是固定的，並不會因為胸部的變化而變化，儘管也有研究人員藉由 3D 列印技術列印內衣，這款比基尼內衣非同尋常之處就在於，它是由 3D 印表機列印而成，內衣輪廓由彼此相連的圓形貼片編織而成，最薄處僅為 0.7 毫米，如圖 3-10 所示。由於採用了尼龍 12 材料，質地非常柔軟且不易破裂，研究人員表示這款內衣在浸濕之後，穿戴起來非常清爽舒服，或許更適合游泳。

圖 3-10　3D 列印內衣

　　但是，與 3D 列印內衣相較，採用 4D 技術列印的內衣，由於其能自變形、自組裝，這將改變目前內衣的尺寸、形狀無法適應乳房變化的狀況。藉由 4D 列印技術所製造的內衣，將根據女性月經來潮前後的乳房變化而進行自變化，並為女性提供一個舒適的穿戴內衣環境，這或許將徹底改變整個女性的內衣市場。

3.4 4D 列印和成人用品

無論是 3D 還是 4D 列印，如果真想切入成人使用者市場，還需要解決以下幾個問題：

安全和衛生問題

目前所列印的 3D 列印產品，尤其是那些低端成形的產品，精度都很粗糙，這對於成人用品領域，顯然難以滿足使用者的舒適度，並且粗糙的質地還容易滋生細菌，而這些問題在 4D 列印技術中同樣不可忽視。

隱私問題

從現狀來看，3D 或 4D 列印設備進入家庭還需要一些時間，因此使用者個人訂製的成人用品需要委託相關服務商進行加工，那麼就涉及到使用者隱私的問題，這或許會成為使用者選擇時的一大顧慮。

材料問題

成人用品所需的材料通常以矽膠為主，尤其是與性器官直接接觸的產品部位，目前不論是 3D 還是 4D 列印的材料，都無法滿足成人用品的實際使用需求，尤其 4D 列印所需的這種智慧材料是一項關鍵技術，不過隨著技術的進步，材料問題將會獲得解決。

從目前的實際情況來看，如果 4D 列印技術不能進入家庭應用級，即使是在性觀念相對開放的歐美日地區，人們也不願意公開討論情趣用品，也會因為收到情趣用品感到尷尬，這畢竟是私人的事情。

另一方面，正如世界上沒有完全相同的兩片樹葉一樣，每個人的生理構造也不完全相同，因此買回來的情趣用品不一定適合自己，這也正是目前 3D 列印被關注的原因。而 4D 列印技術的出現，能讓成人用品成為私人訂製物品，根據不同個體的生理結構進行特定的設計與列印。另外，4D 列印的成人用品在使用過程中，可以根據使用者不同階段的生理反應而進行自動變化，以提高最佳的契合體驗。

當設計技術被進一步突破後，根據一張照片就可以生成，並設計出相關的人體模型，而這一人體模型透過 4D 列印技術被列印之後，與當前的充氣娃娃之間最大的差異在於，可以根據使用者心目中的「林妹妹」進行設計列印，且在使用過程中根據使用者生理變化進行自我調整變化。不論你想體驗 A 罩杯、B 罩杯還是 D 罩杯，不論你想體驗哪種尺寸，4D 列印的成人用品都將自我變化，給你帶來舒適的樂趣。

同樣的，對於女性使用者而言，不論是什麼樣的智慧蛋、還是智慧棒，或是訂製的 3D 列印，都難以根據不同人體的生理結構特徵進行自我調整變化，這對於本身就比較敏感、細膩的性器官而言，難以在最大的程度上提供貼心的呵護。

而藉由 4D 列印技術則完全不同，不論是蛋還是棒，只要在列印的時候設定好觸發源，可以是性器官的分泌物，也可以是一種呼吸節奏，當然也可以是某種聲音或某種力度等，這神奇的東東就會根據使用者的生理特徵變化，進行長短、大小的自變化。

如果給機器人加個 4D 列印的玩意兒，未來我們到底還需不需要他（她）呢？當然，4D 列印技術被深度應用於成人用品領域之後，必將引發一場新的倫理討論。

3.5　4D 列印遇上超級奶爸

作為剛當爸的人來說，陪孩子是一個愉悅的事情，但是落實到每天泡牛奶、換尿布、睡前脫衣服以及深情並茂地講故事，對於大部分男性來說，還是件蠻頭疼的事情。自動沖奶機的出現，幫助奶爸解決了泡牛奶的困擾，而換尿布、睡前脫衣服及講故事等問題，還是現在一直存在的困擾。

4D 列印的尿布

對於大部分奶爸而言，總是面對著小孩短暫耐性的困擾，清理尿布，通常比換上尿布要容易得多。要打好一個尿布，通常需要進行幾次調整，這個過程很容易讓本身並沒有太多專注力的小孩子不能很好配合。如果採用 4D 列印技術進行尿布的製造，只要扣的位置不出現很大程度的偏差，在鬆緊方面將會自我變形、調整，以達到最佳的適應鬆緊程度。另外，在尿布的容量超過正常容量，而又不具備及時更換的條件時，尿布將會根據濕度為觸發介質進行自變形，釋放更大的容量，以適應超容量的需求，如圖 3-11 所示。

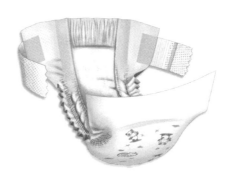

圖 3-11　尿布

顯然的，這項技術對於女性也非常重要，因為女性每個月都會有生理期的現象，在生理期的週期中，月經量並不一定都是恆定的，會隨著身體的情況及不同的年齡段，而有量的波動，面對這些量的波動，使用 4D 列印的衛生棉、衛生褲等，可將血液作為觸發介質，依據不同量的排出，而自動釋放不同的容量，這不僅能有效解決女性的困擾，也讓生活因為技術而變得更加人性化。

 ## 兒童睡衣遇到 4D 列印

奶爸們總是會遇到一些情況，像是小孩子在脫了衣服後不願意睡覺，但在穿著衣服的情況下經常出現睡著的情況。當睡覺遇到換衣服，或許對於奶爸們而言，是一件困擾的事情，如果採用 4D 列印技術製造衣服，或許就能改變這一問題。

一方面是當小孩子睡著後，4D 列印的衣服將會自變形，自我變化成為被子；另一方面則是根據天氣的變化情況，隨著小孩子所穿衣服的厚薄，而自我組裝、變化，以適應最佳的方式，當然也可根據孩子的睡眠情況，例如：在還沒有進入熟睡的階段，衣服可以適當寬鬆，以滿足孩子的好動；而當孩子進入熟睡後，衣服將會自動縮緊，以更好提供保暖的性能。

3.6 4D 列印讓玩具自變形

隨著物質生活的不斷改善與提升，玩具產業的市場需求也在不斷放大，尤其對於現代玩具產業。中國現代玩具大約是始於 20 世紀 80 年代中後期，

隨著改革開放之後出現的一個產業，玩具行業在製造業中屬於勞動密集型產業，和紡織、制衣、製鞋、塑膠製品等產業一樣，包括現在所謂的益智類玩具，都還屬於傳統製造的範疇。

按照目前行業公開的一些資訊來看，中國作為玩具生產大國，玩具生產企業數量眾多，全世界超過70%的玩具產品產自中國。2016年至2021年，中國玩具出口金額持續增長，由2016年的183.9億美元增長至2021年的461.2億美元；其中，美國是中國玩具出口大國，2021年對美出口額為13.8億美元，較上年增長57.3%，占中國玩具出口總額的29.2%。2022年中國玩具行業市場規模達到918億元，2026年中國玩具行業市場規模預計將達到1,195億元。

儘管從單一的資料層面來看似乎還不錯，但從總體玩具產業的自主設計、創新層面來看，中國玩具還處於幼稚期，當然這對一個處於工業製造為主要階段的國家，對於玩具這一文化創意產業的忽視並非異常。

但隨著國民收入的提高，以及經濟下行壓力的增大，再加之國家對於產業轉型升級，以及文化創意產業與創客活動的支持，在這些要素影響下，玩具產業必然將獲得快速發展，而這種發展必然與4D列印有著密切的連繫。

玩具產業顯然不是侷限於傳統觀念中小孩子的玩具，它應該是屬於各個階段人群都適合的一種增加生活樂趣、幫助探索生活的一種思維引導工具，而這必然會出現產品小眾化以及創意個性化的產品需求層面。顯然的，傳統的大批量製造方式已無法滿足玩具產業新的發展路徑，小批量、個性化、快速的製造方式，將成為玩具產業是否能獲得快速發展的一項關鍵生產技術，3D列印技術的出現，在一定層面上很好地解決了這一問題。

但4D列印技術的出現，改變的或許不再是傳統玩具產業論斤銷售的概念，而是真正將玩具產業帶入創意產業的領域。例如：當前一些家庭為了滿足小

孩子對於玩具不斷變化的需求，尤其對於 5 歲以下階段的小孩，由於其好奇心、探索性異常強烈，同時專注力都相對偏弱的情況下，要想滿足小孩子不斷變化的需求，則可能為小孩子尋找專業的兒童樂園滿足其好奇心，不然就是不斷地購買新玩具。

而這些方式不僅給家長帶來困擾，像是過多玩具難以在高房價的空間下進行有效擺放，而且不論是採用何種方式，都難以滿足小孩子不斷變化的需求，或許透過 3D 列印技術，每個家庭配置一台 3D 印表機，家長透過購買原材料與玩具模型，每天自行列印玩具，也不失是一個不錯的解決的辦法，但對於 4D 列印技術而言，顯然已經不適合了。

在 4D 列印技術下，所列印的玩具在不需要的時候，其材料可以回收並進行多次列印，而且所列印的玩具不再是一種固定的形態，就如同當前兒童普遍玩的變形金剛，不同的地方只在於，4D 列印技術所列印的變形金剛不需要藉由兒童的拆拼，就能自我實現組裝、變形，如圖 3-12 所示。

圖 3-12　變形金剛玩具

這對於 0 至 3 歲之間的兒童玩具產業而言,顯然是顛覆性的,在 4D 列印技術的時代所帶來的具體改變,將屬創客的受益最大。創客本身是一群以創新為主要追求理念的群體,而玩具產業顯然是一個具有創意挑戰的產業,尤其對於成人玩具,其對思維創新力具有一定的挑戰,但這對於創客們而言,一方面有很多新的市場空白機會存在,是一個值得挑戰與探索的產業;另一方面,對於兒童玩具市場也同樣具有新的挑戰,如何設計一款玩具在某一時刻是一隻鴨子,另一時刻又是一隻小雞或小狗,這就是 4D 列印技術所驅動的玩具產業創新,這種新技術的創新對於父母、兒童本身的教育,具有深遠的意義,如圖 3-13 所示。

圖 3-13　自變形玩具

其次,對於傳統玩具製造企業而言,在 4D 列印時代的玩具產業將不再以賣玩具的商業模式而存在,更多的是基於賣創意或提供 4D 列印服務的方式存在。消費者一方面可以透過網路平台直接購買已經存在的玩具創意模型,或是提出自己的玩具創意想法,並透過網際網路由專業的創客或玩具設計師為其提供服務;另一方面則是可以根據所設計的玩具模型,由設計者提供列印服務,使用者也可以採用就近列印的原則,自主選擇就近的 4D 列印服務機構

進行服務，當然使用者也可以透過自家所購買的 4D 印表機，將所購買的玩具模型透過設備進行列印。

簡單來說，在 4D 列印技術時代中，未來的玩具產業賣的不再是玩具，而是創意；當然賣的也不是材料，玩具的材料可以回收，這不僅解決了節能、環保的問題，也能為消費者在最大的程度上降低了玩具的消費成本。

最主要的是 4D 列印技術所列印的玩具可以根據指令進行自我組裝、變形，不僅能滿足小孩子的好奇心，激發小孩子的創新思考能力，而且還能幫助父母更加滿足小孩子的需求。

對於成人玩具市場，4D 列印技術對於創客而言將更具挑戰性，當然也將激發成人玩具的市場發展，我們的玩具或將帶我們進入一個移動迷宮的玩具時代，對於思維系列、拓展，將具有非常深遠的意義。這還將改變培訓行業及人力資源招聘的測試環節，或許在不久的將來，面試官出的不再是紙質的考題，而是一個由 4D 列印技術所列印的可隨時自變化的玩具，如同移動迷宮一樣，應聘者需要在規定時間內找到變數並完成結果，如圖 3-14 所示。

圖 3-14　變數的玩具

3.7 4D列印在家居

大部分人或許都遇到過類似的情況，總有那麼一些情況在家中為缺少工具而煩惱，例如：剪刀、扳手等簡單的工具，我們可以藉由4D列印技術對其進行列印，而與3D列印技術不同的地方在於，我們不再需要為每一種工具進行一次列印，而是可以將多種工具的變化直接設計在列印模型中，並透過觸發介質對其進行自變形、自組裝觸發，如圖3-15所示。

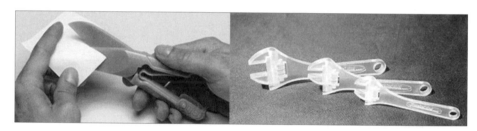

圖3-15　3D列印工具

當然，缺個凳子、椅子、梯子等也不在話下，儘管3D列印技術也能滿足於這些工具的列印，但相較於4D列印技術而言，顯然還是無法比擬。例如：當我們需要一把梯子時，按照3D列印技術，我們必須依預先設定的高度進行列印，如果我們不使用時必然帶來空間的占用，但藉由4D列印技術則不同，我們可以最優、最小的空間進行設計，並將所要延伸的高度設定在列印模型中，根據不同的需要情況，對其進行不同的高度觸發，以滿足不同環境的使用需求。在使用者不需要的時候，還可以將其打回原形，讓其成為一把凳子或者椅子，供日常生活使用，如圖3-16所示。

圖 3-16　3D 列印凳子

　　至於勺子、杯子、盤子、鍋、碗、瓢等廚房用品，對於 3D 列印技術來說，也不在話下，但運用 4D 列印技術所列印的勺子、杯子、盤子、鍋、碗、瓢等廚房用品，與 3D 列印技術之間無法相提並論，如圖 3-17 所示。應用 4D 列印技術所列印的這些物品，有個最大的特性就是其自變形，根據使用者炒菜量的大小來自變形大小，我們再也不必為今天家裡來客人了，而擔心鍋小了的情況。

圖 3-17　廚房用品

3.8　4D 列印顛覆住宅

3D 列印技術的存在，已經有相當長的一段時間，而真的被資本吹捧並流行起來，也就最近幾年的事。在資本、人才的推動下，眾多的創客、研究人員及創業者在 3D 列印技術的基礎上，進行各式各樣的嘗試，包括列印技術、列印設備、列印材料等，同時在不同的領域進行了 3D 列印的探索，其中不乏使用沙子列印藝術品的，有使用石墨列印電路的，也有列印心臟或肢體的，更獨特的是使用 3D 列印技術來列印房子，這難道是要建築行業的命嗎？

其實，3D 列印技術進入建築領域，列印房子已經不是什麼新鮮的事情了，也確實給建築行業帶來了革命性的技術變革。其優勢主要體現在以下方面：

節能環保、節省材料

因為 3D 列印建築不產生任何揚塵，不產生建築垃圾。對飽受霧霾與建築噪音之苦的城市居民來說，無疑是個好消息。

可以變廢為寶，實現建築垃圾二次利用

各類建築垃圾、工業垃圾、礦山尾礦，都可以作為 3D 列印的原料，其中沙漠的沙子對 3D 列印來說，就好比黃金，是很好的原料，可就地取材做固沙牆、垂直綠化牆等，固沙治沙。

節約建築成本，提高建築效率

以目前已經實現的 3D 列印建築來看，採用 3D 列印技術可節約建築材料30% 到 60%，工期縮短 50% 到 70%，節約人工 50% 到 80%，也就是說，透

過 3D 列印技術，可以更低的造價、更快的工期造好房子，建築成本可至少節省 50% 以上。

在實際應用中，比較受關注的是在蘇州使用 3D 列印技術建造的建築，這批建築包括一棟面積約 1100 平方公尺的別墅、一棟五層公寓和一棟簡易展廳等，建築的牆體由大型 3D 印表機列印而成，而使用的油墨則是由少量鋼筋、水泥和建築垃圾製成，如圖 3-18 所示。

圖 3-18　3D 列印建築

🔹 3D 列印：牆是如何列印的？

以蘇州列印建築的情況來看，該印表機高 6.6 公尺、寬 10 公尺、長 32 公尺，底部占地面積有一個籃球場大，高度有三層樓高。列印的材料寬度只能是 1.2 公尺，但長度可以無限長。根據電腦設計圖紙和方案，由電腦操控一個巨大噴口噴射出「油墨」，噴頭像奶油裱花一樣，油墨呈 Z 字形排列，層層疊加，很快便砌起了一面高牆，之後牆與牆之間還可像搭積木一樣疊起來，再用鋼筋水泥進行二次列印灌注，連成一體。在 24 小時內，可列印出十棟 200 平方公尺建築。

列印的房子會顛覆房價嗎？

以目前市場售價 8000 萬的別墅來看，採用 3D 列印技術所列印的成本只要 100 多萬，不僅價格具有優勢，施工效率也同樣具有傳統建築無法比擬的優勢，這樣的一套別墅基本一天就能列印完成。

列印的房子安全嗎？

儘管目前關於 3D 列印的房子還沒有具體的監測標準，相關的列印建築標準也處於缺失狀態，但從目前開發者的自身測試層面來看，3D 列印的牆體強度是普通水泥的五倍，並且其藉助結構可以選擇更為複雜、堅固的結構方式，還可以採用中空的牆體結構，實現冬暖夏涼的宜居環境。

當然，這種新興技術與應用要大規模的商業化，則其剛度、強度和耐久性等綜合性能還待進一步驗證，相關的檢測標準也有待於完善。

目前 3D 列印建築的應用

日本 3D 列印建築

Serendix 公司以不到 25,500 美元的價格設計了一座帶有 3D 列印牆壁的小房子，在不到 24 小時內完成了該專案。雖然很難想像有人居住在這樣的房子裡，但這個專案展示了 3D 混凝土列印的靈活性，該建築結構的表面積只有 10 平方公尺，呈蜂窩狀，沒有加固物。Serendix 的目標是在地震和颱風頻繁襲擊的危機時期建造應急住房。組裝不同的 3D 列印部件需要 3 個小時，總共需要 23 小時 12 分鐘才能完成整個建築，如圖 3-19 所示。

圖 3-19　日本 3D 列印建築

加拿大 3D 列印建築

　　Fibonacci House 是第一個在 Airbnb 上掛牌的全 3D 列印房屋，由特溫特增材製造（TAM）列印，按照著名的斐波那契數列建立，其設計非常有趣，房屋採用螺旋形狀，允許空間從外部延伸到最緊密部分的封閉和溫暖的空間。這個小房子可以在加拿大的 Airbnb 上，以每晚 128 美元的價格出租至少兩晚，如圖 3-20 所示。

圖 3-20　加拿大 3D 列印建築

非洲 3D 列印建築

　　Mvule Gardens 是非洲最大的 3D 列印房屋專案，由 52 棟房屋組成，該專案由 Holcim 和 CDC Group 的合資企業 14Trees 建造，旨在解決肯亞的住房短缺問題。這些房屋使用 COBOD 的 BOD2 印表機和 Holcim 的 TectorPrint 列印乾砂漿建造，確保房屋足夠堅固，並減少碳足跡。14Trees 提供兩居室和三居室的房屋，希望能幫助非洲實現綠色、低收入和負擔得起的住房，如圖 3-21 所示。

圖 3-21　非洲 3D 列印建築

美國加州 3D 列印建築

　　為了更快、更經濟地開發房屋，並減少對環境的影響，Ross Maguire 和 Gene Eidelman 在 2019 年引入了 Azure 3D 列印房屋。Azure 3D Printed Homes 利用多年在世界各地建造和開發房產的經驗，能夠在 24 小時內使用回收的廢料列印出環保房屋，該公司提供各種後院辦公室和住宅，其中包括 Azure Marina 模型，如圖 3-22 所示。

圖 3-22　美國加州 3D 列印建築

美國維吉尼亞州 3D 列印建築

非營利組織 Habitat for Humanity 使用 3D 列印技術幫助低收入家庭來解決住房問題。該組織與 Alquist 3D 合作，在維吉尼亞州威廉斯堡建造了美國第一座自住的 3D 列印房屋，房屋設有廚房、三間臥室和兩間設備齊全的浴室，Habitat for Humanity 還計畫在其他州建造 3D 列印房屋，如圖 3-23 所示。

圖 3-23　美國維吉尼亞州 3D 列印建築

Alquist 3D 是總部位於美國的公司，之前就宣布推出了其 3D 列印房屋的專案，該專案涉及在維吉尼亞州建造 200 座房屋，旨在降低經濟問題社區的基礎設施總成本。據該公司稱，該計畫旨在成為最大的住房建設專案之一，普

拉斯基和羅阿諾克是首批選定的城市。他們計畫在完成 Habitat for Humanity 專案後，進一步拓展到 3D 建築市場，如圖 3-24 所示。

圖 3-24　美國維吉尼亞州 3D 列印建築

歐洲 3D 列印建築

House 1.0 是歐洲第一個 3D 列印的小房子，由丹麥的 3DCPGroup 使用混凝土 3D 印表機製造。該房子的設計旨在實現更好、更快、更環保的建造過程，並減少工作量，儘管面積只有 37 平方公尺，但該小房子提供了所有必要的設施，並具有成本效益，如圖 3-25 所示。

圖 3-25　歐洲 3D 列印建築

捷克 3D 列印建築

Prvok 是一座捷克共和國的 3D 列印房屋，由 Buinka 公司和雕塑家 Michael Trpák 合作建立，它可以在鄉村、城市甚至水上隨處安置。這座房屋由混凝土建造，每秒列印速度為 15 釐米，僅需 22 小時即可完成，尺寸為 13.35 公尺 ×3.5 公尺 ×3.1 公尺。機器人手臂可以建造出 43 平方公尺的生活區域，房屋包括一間帶衛生間的浴室、一間帶廚房的客廳和一間臥室，此外該建築還可以固定在一個漂浮的空心體上，使人們可以在水上居住，如圖 3-26 所示。

圖 3-26　捷克 3D 列印建築

法國 3D 列印建築

Viliaprint 是一個結合了增材製造和傳統建築技術的建築專案，該專案在法國城市蘭斯啟動，位於名為「Réma'Vert」的生態區。透過利益相關者的合作，共建造了五棟房屋，每棟房屋的居住空間從 77 平方公尺到 108 平方公尺不等，這個有前景的專案旨在改善社會、經濟和可持續發展方面。在 3D 列印房屋的過程中，並非在現場直接進行，設計師強調了混凝土在每層應用後儘快乾燥，以承受自身重量，如圖 3-27 所示。

圖 3-27　法國 3D 列印建築

德國 3D 列印建築

　　PERI 是成立於 1969 年的公司，於 2018 年收購了 3D 設計領導企業 COBOD 的少數股權，並一直合作至今，他們建造了德國第一座 3D 列印房屋和歐洲最大的公寓樓。這座房子位於德國北威斯特法倫州的萊茵蘭地區，是一座面積為 160 平方公尺的兩層獨戶住宅，帶有三層絕緣空心牆，施工中使用了 COBOD BOD2 印表機，其特點是以每秒 100 釐米的速度擠出混凝土，從而實現所需的專案尺寸、光滑和筆直的牆壁，以及最高的品質要求。使用 COBOD 印表機，可以前所未有的速度在三層樓上建造多達 300 平方公尺的空間，如圖 3-28 所示。

圖 3-28　德國 3D 列印建築

荷蘭 3D 列印建築

下一個住房專案是位於荷蘭恩荷芬市,由五個3D列印的混凝土房屋組成,儘管這些房屋已經售出,但可以從房地產公司進行租賃。每個房屋由24個個別的混凝土塊組成,需120個小時逐層列印,然後將這24塊部件移至房屋所在位置並進行組裝,連接到地基上,並安裝屋頂、窗戶和門。這些建築具有未來主義的設計,使其看起來像是被樹木環繞的綠洲中的岩石,既滿足最高級別的舒適需求,又以可持續和節能的方式建造,周圍環境明亮而寧靜,是一個放鬆身心的好地方,如圖3-29所示。

圖 3-29　荷蘭 3D 列印建築

中國 3D 列印建築

在中國,來自清華大學建築學院的徐衛國教授團隊使用機器人3D列印混凝土建造技術,為河北下花園武家莊農戶列印了幾座住宅。這些農宅功能合理、形象美觀、結構堅固、生態節能,總面積為106平方公尺,形態採用了當地傳統的窯洞形式,包括一個三大二小五開間的住宅,其中三個大間用於起居室和臥室,屋頂為筒形拱頂結構,二個小間則用於廚房和廁所。列印施工使用了三套機器臂3D列印混凝土移動平台,分別放置在三個大開間的中間進行基礎和牆體的原位列印,同時預製列印了筒拱屋頂,並用吊機將其裝配

到列印的牆體上。該建築的外牆採用編織紋理作為裝飾，與結構牆體一體化列印而成，牆體中央注入保溫材料，形成裝飾、結構、保溫一體化的外牆體系。整個列印平台只需兩人在移動平台上操作按鈕，就能完成整個住宅的列印建造，它集成並簡化了混凝土 3D 列印的工藝，最大限度減少了人力投入，如圖 3-30 所示。

圖 3-30　中國 3D 列印建築

從世界各國的 3D 列印建築來看，我們幾乎可以肯定的是 3D 列印在建築領域被越來越多人所接受，不僅因為建築效率更高，同時由於建築成本更低、性能更高，並且可以按照設計師的個性化設計要求進行建造，當然更重要的是建築更安全，也不再依賴於傳統建築的建築工人。

4D 列印之後將顛覆什麼？

3D 列印進入建築領域的應用，不僅實現了建築訂製化的情況，而且還有效降低了建築成本，提高了建築效率，這對於現有的房地產市場而言，必然帶來革命性的影響，但當建築與 4D 列印相遇之後，改善的或許已經不再是房價，其所帶來的影響大致由以下兩方面：

居住空間的有效利用

今天我們所居住的空間在高房價的影響下，似乎空間成為了影響生活品質的問題，但深入思考，房子建築面積大小固然有影響，但空間的合理利用似乎更為主要。我們今天所居住的房子，以客廳而言，其實際使用時間與利用率並不高，包括我們的臥室。通常來說，使用臥室的時候，客廳將處於閒置；而使用客廳的時候，臥室基本處於閒置，因此這組矛盾自然就出現了，一方面使用空間似乎不足，另一方面使用效率不足。

如果採用 4D 列印之後，這種情況將能獲得有效解決，當我們處於客廳環境的時候，房子的空間格局將會自動變化，將臥室的空間融入到客廳中，為客廳提供更多的空間；當我們需要進入休息狀態時，空間格局也將同樣自動變化，將客廳的空間融入到臥室中，提供較為舒適的休息空間。

裝飾行業的影響

透過 4D 列印技術列印的建築空間並不需要裝修，使用者所希望的裝修元素在列印初期被完全融合進去，並透過列印技術直接成形。不僅如此，4D 列印的建築風格、裝修風格、裝修佈局等，都可以根據住戶的想法而變化，可以說家裡的裝修風格隨我們的心情天天變化。

我們只需要在列印初期，在建築的模型設計中賦予其變化的想法，室內裝飾環境或佈局或風格將在接收到住戶所發出的觸發指令之後，自動為我們變化完成。在 4D 列印的建築中，我們住的或許已經不再是一座建築，而是一座魔方。

3.9　4D 列印在汽車

⬡ 百年 BMW

　　此前，百年 BMW 發布了一款代表著 BMW 未來的發展趨勢和新技術走向的全新概念車 BMW VISION NEXT 100，該概念車上應用的新技術理念和車身材料，將透過 4D 列印技術實現，如圖 3-31 所示。由 4D 列印的車體零組件將直接兼具功能性，同時透過對被列印物體所進行的程式設計，使其具備了在未來發生形狀改變的能力。

圖 3-31　BMW VISION NEXT 100

功能性

　　4D 列印出來的零組件將直接兼具功能性。在今天，零件的設計、生產以及真正被賦予功能性的過程是分開的；而未來，車輛的零組件不僅是用當下的增材製造工藝進行製造，它們在列印出來後就是功能完整的，也可以理解為一輛車有可能會從一堆原料中「生長」出來。

可變形

4D 列印新技術不是生產具體的零組件，而是生產智慧且互聯的新材料。根據材料中微小纖維的不同排列方式，硬度及水溶性程度會發生變化，研究人員利用這樣的特性進行程式設計，使列印出的物體可變為更複雜的形狀。

「材料的革新和應用」將是未來汽車生產製造展望的核心。碳纖維和新型複合材料已在 BMW 目前的車型中得以應用；概念車上採用的可回收和可再生材料製成的纖維等新材料材料，未來都將以 4D 列印與快速製造等技術在車型上實現，而新技術的應用將為汽車材料和生產領域帶來翻天覆地的變化。不僅如此，快速原型和快速製造科技將更加普及，透過這兩項新技術生產智慧且互聯的新材料，汽車將成為形式更複雜、更靈活的產品。

🔷 安全防護設備

猶如汽車的安全氣囊，在汽車發生意外時，可以迅速地彈出，以保護車內人員，最大程度地降低前排人員因車輛撞擊而受到的傷害，但是防護氣囊對人的保護程度還是比較有限，而且防護氣囊的彈出本身，對人體存在著一定的衝擊性。

那麼，如果有一種物體可以在接收到作用力的瞬間就直接產生形變，以抵消外力的衝擊，而保護住人體不受到任何的傷害，那無疑是一種美好的願景，而隨著 4D 列印及新聚合材料的成功研發和應用，這種安全防護設備的面世已然不再只是夢想，留給我們的只是一個等待的時間週期問題而已。

關於 4D 列印的安全防護設備，首先，會像防彈衣一般保護人體的重要安全部位，不僅如此，它還會像傳說的金鐘罩鐵布衫（中國功夫中最有名的護

體硬氣功）一般，讓穿戴者不僅可以承受拳打腳踢而絲毫無損，甚至普通的刀劍也傷不了他們，更甚者可達到罡氣護體的程度，從而獲得入水不溺、入火不焚、閉氣不絕等常人難以想像的效果；其次，在體積方面，它將要比防彈衣更輕薄、更迷你，甚至更能像金鐘罩鐵布衫功內化為人體本能，一旦受到外力作用，則會瞬間顯現出來，以保護人體不受侵害；再者，該安全防護設備不僅應用於汽車駕駛，還將在人們的日常生活中穿戴於身，以備不時之需。

3.10　4D 列印無人機

如今擁有一個飛行器玩具並不是什麼新鮮事，從玩具到民用到軍用，無人機的發展正如 3D 列印技術一樣，在資本的推動下得到了快速發展。而新年伊始，隨著汪峰向章子怡求婚時運用無人機載送婚戒引發話題，無人機更是直接升空，從科技明星跨界到了娛樂圈。

從無人機的發展情況來看，有一點不同的地方在於，當前的熱度在很大程度上是由創客人群所推動，發展至今，我們已經可以藉由手機應用程式來控制一個小型直升機，利用它來給不願動身的宅客們開展物流工作並投遞零食，或者配上攝影機來體驗上帝的視角，透過空拍探索大自然、甚至求婚，如圖 3-32 所示。

圖 3-32　無人機拍攝

　　目前的無人機已經不再神祕，很多設備都是基於可移動的設備進行控制，這些或許都稱不上新奇。在創客的推動下，由 3D 列印技術所列印的無人機飛上了天空，而不同的是藉由 3D 列印技術可以隨意組裝外觀，如圖 3-33 所示。

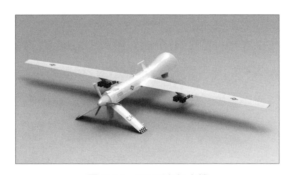

圖 3-33　3D 列印無人機

　　目前除了核心的一個作為自動駕駛儀的印刷電路板，除了它和一些電機、電池、攝影機等標準技術模組之外，其餘的部件（如螺旋槳及外殼）都是 3D 列印的成果，使用者可以根據自己的喜好和需求，透過 3D 列印出其他的外殼形狀，形成自己的飛行器。

　　而藉由 4D 列印技術的飛行器，將帶來根本性的改變，進一步拓展無人機的應用範疇，例如：在遇到巡視環境的變化，無人機可以根據環境變化，而自

我組裝改變形狀，如圖 3-34 所示。在空曠的環境下，無人機可以比較寬闊的形態出現並存在；在進入一些狹小的空間時，飛行器可自我組裝改變形狀，如圓形或疊加，來進入一些深井或者未知洞穴的探索。

圖 3-34　不同形態變化的飛行器

在遇到不同的天氣環境變化，4D 列印的飛行器還能進行自我組裝變化，始終讓攝影機處於最理性的工作狀態，以適應飛行與執行空拍任務，當然這些功能透過賦予飛行器機電部件技術等也可以實現，而藉由 4D 列印技術所實現的是不需要藉由電機部件的驅動，而是透過本身的材料結構進行自我驅動、變化。

此外，飛行器在飛行過程中，因空氣動力沿氣流方向的分力，將阻礙其在空氣中前行，也就是我們常說的阻力；而飛行器的不同部位，還將受到不同成因的壓差阻力、摩擦阻力和誘導阻力等。所謂的「壓差阻力」，就好比高速行駛的汽車後面時常揚起塵土，就是由於車後渦流區的空氣壓力小，吸起灰塵的緣故；「摩擦阻力」則是空氣貼著飛行器表面流過，由於空氣具有黏性，致使與飛行器表面發生摩擦，產生了阻止飛機前進的摩擦阻力，這諸多阻力的產生與大小，跟飛行器的形態不無關係。

透過 4D 列印技術，由智慧形狀記憶聚合物製造的物件，其所具備的自我折疊功能將讓無人駕駛飛行器可選擇最優的形態，來適應不同的飛行情況需求，從而實現在每種狀態下都能最有效地化解諸多阻力，達到最優的飛行效果。例如：在起飛的時候是一種形態，巡遊的時候是一種形狀，而在俯衝的時候，又將轉變成另外一種最適合的形狀，這不僅可以在最大限度減少空氣對飛行器的阻力，還可以減少摩擦損耗，以保障飛行器的最佳使用狀態。

3.11 4D 列印電子產品

隨著電子產品的研發與製造技術不斷精進，以手機、電腦、組合音箱等為代表的電子產品，走上了越來越微小的迷你之路。在 2007 年初，隨著第一代 iPhone 的誕生，曾經各司其職的電子產品漸漸地走上了集約化的道路，也有越來越多的設備開始集結各種不同的應用功能，甚至成為全能王。

未來，隨著 3D、4D 列印技術的推進，電子產品又將迎來怎樣的變革呢？首先，嫁接於 4D 列印技術之上的新製造，將讓電子產品幻化於無形。應用於 4D 列印的新材料將具有柔性物質和記憶功能，以讓製造者在電子產品設計的初期，便能將其功能特性程式寫入記憶材料，然後透過 4D 列印融入其不同功能的可啟動介質程式，從而讓產品在不同介質的作用下呈現不同的應用功能。

一個暫時不需要發揮功用的電子產品，可能附著於我們的頭髮、眼鏡、手錶，或者衣服、鞋子的任何一個地方，一個幾乎可以完全不被外人所察覺的地方。而一旦其中的某項功能應用需要發揮作用時，便可透過對應的介質作

用，使其得到啟動，這介質可以是水、電，抑或者外來的物理作用，甚至有可能是腦電波支配下的思維控制，作用於該 4D 列印的電子產品，繼而呼叫其內含的不同功能效用，這過程中若有需要，還可以令產品發生相應的形變。

　　就如我們當下應用比較廣泛的智慧眼鏡，基於 4D 列印技術的透鏡，將可以依附於我們的視網膜上，隨著眼皮的眨動而啟動相應的拍照、錄影等功能，同時還可以在腦電波作用下啟動思維索引，切入網際網路，激發其旅遊過程中的電子導遊角色；抑或轉化為 VR，抵達人類已無法親歷的遠古時代或是尚不可知的百年未來、甚至遙遠的星際空間。

生命篇

在哈佛大學的實驗室裡，一朵本沒有生命的「鮮花」，在科學家們的 4D 列印設備及技術支持下，如魔幻般地實現了完美的自我變形和盛開綻放。無獨有偶，4D 列印技術不僅讓植物具有生命體態特徵，同時也讓人體機能充滿了新的可能，包括創新治療、器官複製、扭轉衰老，以及各種生命體態的改良與優化。

4.1 4D 列印創造生命

在時間的維度上，賦予製造物自我變形的能力，這便是 4D 列印初級階段的主旨和方向。

即使 3D 列印尚未真正普及，但卻不影響科學家前仆後繼推動 4D 列印發展的腳步。在哈佛大學的實驗室裡，一朵沒有生命卻依舊可以自我盛開、變形的花朵，便誕生在科學家們的 4D 印表機下。

此次的研究主要側重於推進材料的開發和應用。在 4D 列印的過程中，人們通常需要使用多種材料，包括固定形態的硬材料和軟材料，在不同材料之間，透過特定的方式結合，以實現各部分結構在特定狀況下的優先彎曲或變形，那麼我們是否也可以僅憑單一種可自我彎曲的材料製作出類似的效果呢？

為了做到這一點，哈佛大學的科學家們使用纖維素纖維、聚丙烯醯胺凝膠製作出一種特別的膠狀物，該膠狀物透過 4D 印表機從噴嘴中被擠出時，其中的纖維會對準擠壓軸，從而製作出一種具備方向特性的材料，換句話說，它們可在一種方向下更加輕鬆地延展。而透過一些數學計算和程度代碼的預設定應用，讓材料在經過 4D 列印之後，便可在介質的作用下被拉伸、彎曲、扭曲或捲曲。

不僅如此，走在 4D 列印材料研究道路上的科學家們，還在大自然中找到了他們的智慧靈感，那便是參考借鑑類似花朵開放這種自然界中形態轉變的複雜構造，科學家們模擬了植物細胞的構造，植物細胞內對齊的纖維素纖維限制了它們的移動範圍，於是他們將木漿中提取的纖維素纖維與聚丙烯醯胺凝

膠（一種膠狀物，遇水會擴大）混合在一起。當混合材料從 3D 印表機的噴嘴中噴出時，這些纖維在聚丙烯醯胺凝膠內排列成行，這也就意謂著列印出來的物體只能縱向擴張，無法橫向擴張。與此同時，科學家們還在材料保障的基礎上，研發出了一種數學模型，能從縱橫交錯的設計中得到曲線形狀，並利用纖維的排列，來確保材料彎曲的形狀與預先的設計規劃保持一致，如圖 4-1 所示。

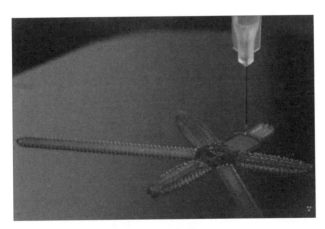

圖 4-1　列印花朵

實驗的結果無疑是令人感到驚豔的，兩朵列印出來時形狀完全一樣的花朵，當浸沒在水介質之後，五個花瓣所捲曲的方向各不相同。此外，科學家們還模仿了某種蘭花的設計，其扁平的形狀彎曲之後，與真正的蘭花非常接近。而當原材料凝膠裡被加入螢光染料後，人們則能更好地看到花朵，花朵也由此變得更加漂亮。

如此一來，4D 列印的花朵將有著與鮮花越來越拉近的生命體態特徵，並且在時間維度下，基於不同的介質作用，而呈現出不同的成長體態和特徵，如含苞待放、鮮花怒放、芳香四溢。而且，作用於列印物的介質，可以是水、空氣、陽光，所有對鮮花發揮作用的媒介，同樣可以作為 4D 列印花朵的啟動

介質。但凡人們需要，花朵還可以定格在每一個最美的時刻，抑或進入下一個生命週期。

4.2　4D列印創新醫療應用

在生物醫療領域，4D列印作為一種創新的治療手段，正在為疾病治療開闢全新的可能性，尤其是在訂製醫療器械和植入物方面。

我們都知道傳統的醫療器械和植入物通常是靜態的，但這就有可能無法適應患者體內環境的變化，而4D列印技術的引入為這一挑戰提供了解決方案，透過4D列印技術，我們可以實現醫療器械和植入物的訂製化。

事實上，近年來隨著技術的發展，3D列印已率先在醫療領域獲得應用上的突破，這主要是因為醫療行業（尤其是修復性醫學領域）個性訂製化的需求顯著，鮮有標準的量化生產，而個性化、小批量和高精度，以及根據個體差異進行訂製型的列印，正是3D列印技術的優勢所在，也被在多種醫療領域所應用，包括肢體、器官等的列印，但是與4D列印的技術相較，3D列印就顯得較為原始且落伍了。

最為形象的描述可以參考於《國際先驅導報》早先的一篇報導，其對於4D列印技術進入醫療領域所帶來的應用與改變，有以下觀點：4D列印技術不僅能在極端條件下發揮作用，也同樣能在微小的空間下大展拳腳，例如：人體內，它們將成為新型的人體植入材料、甚至替代器官。

利用其自動改變形狀的特性，4D列印技術在生物醫藥領域的潛力不可限量。現在已經有生物材料公司參與開發帶有記憶功能的生物心臟支架，醫學

領域傳統的心臟支架通常由記憶金屬製成，在透過血管被植入設定的位置後，自動撐開承擔擴張血管通道的使命，但問題在於，金屬支架無法降解，除非人為將支架取出，否則它將永遠留在體內，由此將帶來諸多併發症和不利影響。

而用4D技術研製新型的生物心臟支架，它們同樣可變形，首先以極其細微的形態進入體內，當體內條件合適時，則展開變形成可以撐開的空心支架。由於並非金屬製成，它還可能具備可降解功能；當塗抹了藥物的支架在預定位置完成擴張和疏通血管的使命後，就在血液中自動降解。同樣的，利用4D列印技術列印出的替代人體器官（如關節、軟骨），也將擁有更多仿生的特質，最大限度接近人體自身器官。

顯然的，每個患者的生理狀況都是獨特的，因此傳統的通用型醫療器械和植入物難以滿足個體化的需求。而4D列印允許醫生根據患者的具體情況設計和製造器械，使其能夠根據患者體內的溫度、壓力或其他生理變化進行智慧調整，這種個性化的醫療器械可以提高適應性，從而顯著改善治療效果。

這一技術的另一顯著優勢是「為患者帶來更為舒適和有效的治療體驗」。透過監測患者體內的生理參數，醫療器械和植入物能夠及時調整形狀，以適應不斷變化的環境。例如：植入物可以根據體內溫度的升降而調整形狀，確保患者在治療過程中一直感受到最佳的適應性和舒適性。

舉例來說，每1000個小孩中，就有一個尿道狹窄患者，有一些兒童甚至在胎兒時期就面臨著尿道狹窄的問題，如果無法成功排除尿液，尿道狹窄將會對小孩的腎臟造成負擔、甚至致命。在很久以前，心血管支架就被應用於治療心血管堵塞，將包裹支架的氣球放到血管狹窄的部位，氣球擴張時，支架被撐開，最後再將氣球洩氣、抽出，留下支撐血管的支架。這樣的方法確實

有效，但胎兒的尿道要比心血管狹窄得多，之前的技術很難製造出適用於胎兒尿道的支架。

2019 年蘇黎世聯邦理工學院間接利用 4D 列印技術，製作出了比原有支架小上 40 倍的迷你支架，他們首先利用雷射製作了一個支架模具，並將記憶材料裝入模具，最後將模具融化。這種記憶材料可以「記住」自己原本的形狀，即便變形也能夠恢復到原有的結構，因此在壓縮進入胎兒體內後，受到體溫的影響，這種微型支架可以自行擴張成原有的形狀，幫助擴張胎兒的尿道。雖然現在這種微型支架還無法用於臨床測試，但可以預見未來，這種利用 4D 列印的技術，將成為更多微創手術的敲門磚。

另外，在手術方面，4D 列印技術也為醫生提供了更為精準和安全的解決方案，訂製的醫療器械能夠更好地適應患者的解剖結構，降低手術風險。醫生可以透過設計符合患者生理狀態的器械，提高手術的精確度，減少手術對周圍組織的干擾，從而加速康復過程，這意謂著更少的併發症和更快的康復速度。

4.3　4D 生物印表機

1954 年 12 月 23 日，美國成功進行了世界第一例人體器官移植，此後器官移植技術快速發展，20 世紀 70 年代以來，器官移植已經成為腎功能衰竭和其他器官疾病患者的切實選擇。然而，由於捐獻的器官數量有限，大量患者需要在長長的隊伍中等待救命的器官，據世界衛生組織統計，全世界每年大約有 200 萬人需要器官移植，而器官供體的嚴重短缺，讓全球平均器官供需比

不足 1：20，僅在美國就有超過 10 萬人正在等待合適的器官，其中超過 9 萬人在等待腎臟移植。腎臟的等待時間平均為 3 至 5 年，這意謂著平均每天都有超過 20 人在等待器官的過程中離開人世。

美國外科與再生醫學先行者 Anthony Atala 曾在一次演講報告中，闡述了人類壽命延長和器官衰竭越來越普遍的背景下，人類健康危機呈上升趨勢，而在這個時候，Atala 在其演講舞臺上演示了一個特殊的 3D 印表機，它可以製造出一個人體腎臟原型。當 Atala 戴著醫療手套手握一個剛剛「列印出來的」完整腎臟時，現場的觀眾無不為其所深深地震撼！

如果 Atala 列印出來的腎臟還是停留在演示階段的話，那麼邁阿密兒童醫院的心血管科醫生使用 3D 列印技術製作的女童心臟，則是實實在在的應用。一位名叫 Adanelie Gonzalez 的 4 歲女童，罹患了一種名為「肺靜脈異位引流」（TAPVC）的先天性疾病，其表現是靜脈無法將血液輸送到心臟的正確部位，從而引發呼吸困難、昏睡和經常生病（免疫系統薄弱）。

在經過幾次修復性手術之後，醫生們意識到如果不能進行永久性修復，Gonzalez 的生命將只剩下幾週，在這個時候，醫生們使用 3D 列印的供體心臟成功地進行了手術，如圖 4-2 所示。現在，Gonzalez 的血液流動已經恢復正常，目前正在醫院進行康復。

圖 4-2　3D 列印的供體心臟

同時，3D列印還逐漸透過人體解剖學，在世界一流的醫療界裡取代被感染的口顎、癌椎骨和畸形的髖骨而發揮作用。2014年6月，來自澳大利亞的Rutherglen、現年71歲的Len Chandler，被診斷出患有跟骨癌，其外科醫生聯繫了來自澳大利亞聯邦科學（Australia's Commonwealth Scientific）和工業研究組織（CSIRO）的專家，他們從一家生產訂製的醫療設備的澳大利亞公司Anatomics帶來專業的知識，使用Anatomics公司提供的跟骨解剖圖表，研發團隊自主研發了一個植入管，並提供給St Vincent醫院的外科醫生，重要的是手術縫合線可以嵌入孔裡，它能連接骨頭的光滑表面和粗糙表面，讓組織更加黏連在一起。在7月份，鈦合金跟骨成功植入病人Chandler的腳，如圖4-3所示。手術三個月後，Chandler回醫院複診，醫生說他恢復良好，腳跟可以承受一定的重量了。

圖4-3　鈦合金跟骨

在國際上，生物印表機已經得到了多方面的應用，而在中國，同樣的成功案例也不鮮見，中國北京大學第三醫院的醫生們成功為一名12歲的男孩植入訂製的3D列印椎骨，來替換男孩頸部一節癌變的椎骨，如圖4-4所示。

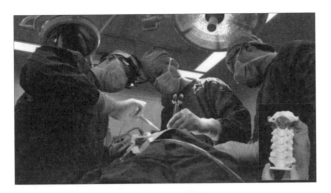

圖 4-4　3D 列印椎骨

在五個小時的手術過程中，醫生們移除了癌變椎骨，並在男孩的第一節和第三節椎骨之間植入了 3D 列印的椎骨。手術包括清除神經、頸動脈和癌組織脊髓，並使用鈦螺絲將人造椎骨固定。據醫院的骨科主任說明：「如果使用現有技術，病人的頭部在手術後，需要加框用釘固定。休息時，病人的頭部不能碰到床，這還至少需要持續三個月，但是有了 3D 列印技術，我們可以模擬病人椎骨的形狀，這比傳統的方法更強大、更便捷」。3D 列印的最大優勢在於，能夠訂製醫療植入物，製造出完美配合病人骨骼的人造骨骼，目前男孩的身體狀況很不錯，恢復進度和預期一樣。

這種生物印表機可以培養患者自身的細胞，用 3D 列印技術形成可替代的皮膚或器官，這在改變某些醫學領域方面將發揮巨大的潛力，而且 3D 列印的發展將使人們不再需要器官捐贈等待名單，同時皮膚移植也將成為歷史。隨著 3D 列印的人體組織應用於藥物測試，還將減少動物實驗的需求。

隨著 4D 列印技術的發展與運用，生物列印將進一步走向完善。在人工器官的領域中，4D 列印技術不僅僅是在形狀上的創新，更是在仿生性能上取得了顯著的進展。以可動性人工心臟瓣膜為例，這一技術透過結合生物相容性的材料，成功類比了自然器官的動態特性，可動性人工心臟瓣膜能夠根據患者

的心臟活動，而實現彈性變形，極大地提高了其逼真性和生理學相似性。這種技術的成功應用不僅為患者提供更為智慧、適應性更強的人工器官，也為心血管疾病等領域的治療帶來了新的希望。

在組織工程方面，4D 列印為精密控制材料形變和組織排列提供了有效手段。透過在微觀和宏觀層面上調控材料的性質和結構，研究人員能夠構建更為複雜、具有層次結構的組織。這種精密程度為修復和重建受損組織提供了前所未有的可能性，例如：在骨骼系統方面，4D 列印技術的應用可以實現更貼近自然骨骼結構的人工骨骼組織，為骨折修復和關節置換等手術，提供更為理想的植入體。

未來，或許人們就可以將列印的細胞層直接培養在傷口上，隨著傷口的演變而幻化成形；甚至，可以直接在體內使用微創手術，將儀器深入到患者體內，清除受損細胞，再換上新的細胞，儀器可以用它們自身的探頭直接修復傷口。

從想像走入現實的生物列印，將讓人體有機會進行及時的細胞更新，對體內病變、老化的人體組織進行及時的修復與更新。而當人們頻繁使用臉部印表機來追求青春永駐的時候，當小夥子看到一個性感女孩說：「姑娘，你看起來不錯」時，女孩可能會轉身告訴他：「謝謝你，年輕人，我這把老骨頭已經列印了 87 年啦」，而這時年輕人回眸投以淡淡一笑：「我已經列印過百年了」。

4.4　4D 列印化身抗癌新技術

　　根據世界衛生組織國際癌症研究機構（IARC）發布的 2020 年全球最新癌症負擔資料，2020 年全球新發癌症病例 1929 萬例，其中中國新發癌症 457 萬人，占全球 23.7%，癌症新發人數遠超世界其他國家，中國已經成為了名副其實的癌症大國。

　　2020 年，癌症新發人數前十的國家依序是中國 457 萬、美國 228 萬、印度 132 萬、日本 103 萬、德國 63 萬、巴西 59 萬、俄羅斯 59 萬、法國 47 萬、英國 46 萬、義大利 42 萬。2020 年，全球癌症死亡病例 996 萬例，其中中國癌症死亡人數 300 萬，占癌症死亡總人數 30%，主要由於中國癌症患病人數多，癌症死亡人數位居全球第一。

　　人類與癌症的對抗，是一場曠日持久的戰役。實際上，癌症自古就有，西周的《周禮天官篇》記載：「瘍醫專管醫治腫瘍、潰瘍、金創、骨折等病。」其中，腫瘍即腫瘤和潰瘍，可以知道癌症不是現代文明的產物，它是人類最古老的敵人。

　　幾千年來，人類都在追求治癒癌症，然而目前我們面對於癌症卻依然缺乏有效的醫療技術，就以最為普遍的化療技術來看，儘管在消滅癌細胞方面，確實有著一定的作用，但在消滅癌細胞的同時，也讓免疫細胞陪葬了，但 4D 列印技術或許將改變這一狀況。

　　透過本書之前的一些篇幅，我們對於 4D 列印技術有了一定的瞭解，那麼所謂的「4D 列印技術進入醫療領域」，或許是列印細胞領域將對當前的醫療技術帶來根本性的革命。也就是說，我們可以透過 4D 列印技術藉由生物材料，

模仿白血球進行列印，當然這其中的關鍵取決於列印材料，這種材料在醫學領域將有很大的用途。

　　我們可以簡單理解為4D列印的細胞機器人，為依DNA鏈設計材料製造出抗病毒的奈米機器人，它的樣式可以像貝殼，也可以跟人體正常的細胞一樣。當這種機器人細胞被輸入到血液中後，機器人遇到特定的癌細胞，將釋放特定抗體阻止癌細胞的增長，或者是變化為一種特定攻擊特定癌細胞的形態。

　　而觸發這種細胞機器人的介質就是癌細胞，我們可以一種特定的癌細胞為觸發介質，也可以多種癌細胞為觸發介質。當這種4D列印的機器人細胞在人體內隨著血液的流動，跟隨著人體本身的白細胞一起不斷巡邏，一旦發現癌細胞，其針對性的攻擊能力將遠超出人體正常的白細胞殺傷力，如圖4-5所示。

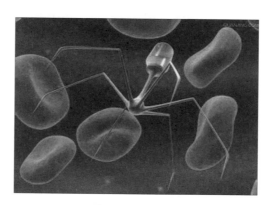

圖 4-5　攻擊細胞

　　當然，對於已經進入癌症病發的患者而言，我們可以在癌症部位中注入這種特定的4D列印技術所列印的機器人細胞，它將對癌症細胞發起攻擊或吞吃，這將有效改善當前對於癌症的治療方式，給人類戰勝癌症提供N種解決新方案：

🛑 方案①：4D 列印人體衛士

在奈米技術的支援下，4D 列印的非治療型奈米機器人，將可以擔當起人體「衛士」的角色職能，在人體內進行 24 小時無休的巡邏工作。

人體衛士一方面可以及時地對體內，尤其是血管內的殘餘「垃圾」進行清掃，並隨著新陳代謝而排出體外；另一方面，也更為重要的是可以及時發現有癌變潛質的細胞，並於第一時間發出預警或直接將其扼殺在搖籃裡，以保障體內環境的穩定與和諧。

🛑 方案②：4D 列印抗癌藥物

4D 列印物體憑藉其自變形的能力，可以在微小空間裡發揮無限的潛能。在癌症治療的過程中，我們可以透過 4D 列印器官或支架，對被破壞的細胞與組織體進行替換或修復。

以生物心臟支架為例，透過 4D 列印而生成的新型生物心臟支架，可以一種極其微小的形態進入體，然後在體內合適的環境下，展開變形成可以撐開的空心支架。該支架就如同 4D 列印的下水管道一樣，可以透過擴大或縮小管道半徑來調整容量和流量，甚至還能在受損時，自行維修或在報廢時自行分解。

🛑 方案③：4D 列印人體皮膚

日前，荷蘭的科學家已經實現用幹細胞作為墨水，進行 3D 生物列印人類皮膚，這也順勢開啟了 4D 列印人體皮膚的序幕。依靠於可編輯材料的自變形特性，充分融合了個體膚質特色的 4D 列印皮膚，在應用於替換癌變或灼傷的人

體皮膚過程中，將實現最大程度的契合，這將可以大幅提升癌變或其他皮膚病患者的治癒率。

方案④：4D 列印活組織植入物

之前，墨爾本的研究人員已經找到一種方法來生成自己的軟骨，用於治療癌症和更換損壞的軟骨。科學家可以透過可編輯材料，在編輯的過程中融入人體 DNA 鏈上的基因參數，而在此基礎上，透過 4D 列印的活組織植入物，將可以在最大限度地降低與人體的排斥反應；而且，萬一出現不良反應，植入物還可以依據人體內的實際環境狀況進行自變化，以調整最佳方案適用人體。

方案⑤：4D 列印醫療器械

癌症治療即是救人命的過程，但同時也是要人命的過程，因為現代醫療在透過放射性治療殺死癌細胞的過程中，也殺死了很多對人體有用的健康細胞。在這個治療過程中，如果能對癌細胞進入隔離，進行更精準的放射區域定位，從而有效地殺死癌細胞，而不對人體造成損傷，那對於提升癌症治療的成功率將是非常有幫助的。

4D 列印的放射性治療輔助護具等醫療器械將在這個方面發揮積極的作用，這些 4D 列印的醫療器械可以透過微小的體積進入人體內部，根據人體不同部位的生存環境來產生形變，有效隔離癌細胞並對健康區域進行保護，讓癌症治療變得無害。尤其對於一些重要器官或脆弱區域，如鼻子、眼睛、耳朵等部位的腫瘤治療，將顯得更為重要。

將 4D 列印物體應用於生物醫學領域，尤其是普及至人體內應用，無疑是人類健康醫療發展的福音，但是高興之餘，我們也要冷靜地認識到其中的風險亦不可小覷。就比如說，遊走在人體內的 4D 列印細胞或奈米機器人，如果監控不到位的話，很容易演變成被壞人利用的生化武器原型。

而可編輯材料所具有的自變形特性，讓其相較於 3D 列印而言，被犯罪分子利用的風險性也更大，例如：針對槍支等違禁物品來說，3D 列印出來的直接是具體實物，相對容易被發現和控制；而 4D 列印物在列印之初，有可能是任何形態，只有在一定的環境和介質作用下，才會變形為預先設定的真實面目，可以說讓人防不勝防。

4.5　4D 列印扭轉衰老

衰老是人類無法回避的永恆話題，自古以來，人們就在試圖改變衰老的過程。前有秦始皇大興土木，迷信長生不老之術，甚至耗費千金派遣徐福和 500 對童男童女前往海外求仙藥，之後又有漢武帝派人求仙問藥，修建高臺承接所謂仙露。

如今，隨著醫學科技的發展，人類的平均壽命在過去幾個世紀得到了顯著延長。1900 年的全球平均預期壽命僅為 31 歲，甚至在最富裕的國家也不到 50 歲；而到 2015 年，人類平均預期壽命為 72 歲，在日本甚至高達 84 歲，這無疑讓人類對青春、健康與長壽的渴望變得更為強烈，但有一點我們必須承認，經過幾百乃至上千年的探索，至今人類仍未發明長生不老之藥。

但即使是面對這麼困難的問題，4D 列印都能帶來新的解法，事實上從生命長度的進化來看，人類從過去走到現代化的今天，平均壽命從 40 歲的高壽到 80 歲的平均壽命，其背後最重要的推手就是「生命科學技術的進步」。

首先，對人類平均壽命最直接的影響因素，就是現代醫學的診斷和治療技術的進步，而這些技術中，每一項都有助於使人們更長壽、更健康。那麼 4D 列印在這一環節能做什麼呢？

最簡單的就是醫藥科學領域中可以透過 4D 列印藥物，對人體進行最及時有效的病情控治與治療，例如：透過對一些聚合物進行恰當地設計，製作出一種藥物傳送載體，將藥物傳送至人體內。

藥物在人體內的觸發啟動介質便是人體溫度，也就是說，一旦人體溫度上升達到發燒臨界點的時候，裡面所含的藥物便會被釋放出來，及時對病情加以控制。與此同時，沒有藥物承載的傳送體，便隨人體代謝排出體外。

同樣的原理，醫藥科學界還可以根據其他病情的特徵設計針對性的誘發介質，使藥物可以預置於人體內的相應位置，一旦出現病理上的症狀便可觸發體內藥物的釋放，從而可以先於人體思維而感知到疾病的發生，做到最及時的醫治和救護。

在透過 4D 列印藥物來實現疾病的預防和治療的同時，人類未來科學還將進一步致力於 4D 列印人體器官的技術研發和應用，從而邁進「器官替換」的新時代，由此打通生命新通道。

據最新消息顯示，第四軍醫大學西京醫院專家團隊聯合駐地某國家重點實驗室，採用 4D 列印技術，成功為患有先天性心臟病合併雙側氣管嚴重狹窄，隨時可能因氣管進一步損害危及生命的五個月大的嬰兒實施手術治療，打通

生命通道。此次應用 4D 列印技術製備的氣管外支架，是根據患兒氣管外形量身訂做的，採用生物可降解材料，既能滿足氣管外支架的外形、韌度、強度、彈性等性能要求，又符合人體生物相容性和可降解性等特殊要求。該支架在未來二年內可逐漸降解被人體吸收，免除患兒二次手術取支架的痛苦，該患兒術後當天即拔除氣管插管，術後第五天心臟超音波及胸部 CT 檢查顯示心血管畸形矯治徹底，雙側氣管恢復良好。將 4D 列印氣管外支架成功用於嬰兒複雜先天性心臟病合併雙側氣管嚴重狹窄的救治，這在國際上尚屬首次。

而在未來科技發展的過程中，人類將透過 4D 列印技術替換的，將不再只是侷限於病變的器官，更有因衰老而功能弱化的器官及其人體機能的輔助設備，這或許也將成為人類永保青春的一劑新藥，並由此真正譜寫人類的長生不老傳說。

4.6　4D 列印在生物醫學領域的發展

4D 列印是一種綜合性技術，基於可變形材料和 3D 列印技術，其中可變形材料中的形狀記憶聚合物（SMP）應用廣泛。而在生物醫療領域，4D 列印形狀記憶聚合物有著重要的應用和潛力，SMP 具有輕質、強恢復性、恢復條件溫和、生物降解以及低甚至無毒的特點，這些卓越的性能使得 SMP 在生物醫療領域得到了廣泛應用，如用於縫合線、牙齒矯正器以及動脈瘤封堵器等領域。然而，這些 SMP 的結構多為簡單的線性結構，相較於心臟支架、骨支架、氣管支架等複雜、個性化以及精度要求高的結構，傳統的製備技術難以實現，4D 列印技術的出現，填補了這一製備上的不足。

🔷 支氣管支架

在治療氣管支氣管軟化症的過程中，中國的研究人員採用了 SLA 3D 列印技術，並以聚己內酯（PCL）為列印材料成功製備了一種氣管支架，他們根據患者的 CT 掃描圖像和醫學數位成像技術，建立了一個 3D 氣管模型，並設計了 STL 格式的立體圖形。

透過電腦類比結合氣管和支架模型，並將其手術植入患者體內，成功治癒了三名患者，術後的體內測試結果表明，該氣管支架能夠隨著患者的生長，而被人體生物降解。當患者的氣管完全長成後，材料也能夠被人體生物降解，從而避免了患者需要進行多次手術的痛苦。基於這一成果，利用 4D 列印的 SMP 材料製備具有形狀記憶效應的氣管支架，將得到廣泛應用。

🔷 細胞支架

細胞支架是透過 4D 列印形成的，可以促進細胞的生長和分化。中國的研究人員採用新型可再生材料大豆油環氧化丙烯酸酯（SMP），與傳統的 PEGDA 相較，這種材料可以增強細胞的黏附和增殖。

研究人員透過改變支架中纖維的排列方向，製備了兩種不同方向纖維排列的細胞支架，研究結果表明，細胞支架的形變會對細胞產生機械刺激，進而導致細胞和細胞核的有方向生長。研究人員從支架的內部結構入手，製備了具有仿生梯度空隙結構的支架，這種支架可以促使細胞朝著空隙方向生長，並且空隙還可以扮演營養和廢物代謝的運輸通道。以上三個不同的研究例子，從不同角度驗證了 4D 列印 SMP 細胞支架的優秀性能，目前適用於 4D 列印且具有高生物相容性的 SMP 種類還比較有限，透過進一步研究 4D 列印技術和高度生物相容性智慧生物材料，可以推動新型功能性生物醫學支架的設計和開發。

🔷 血管支架

中國哈爾濱工業大學的研究人員利用磁性 Fe3O4 奈米顆粒添加到聚乳酸（PLA）中，製備出一種具有形變能力的形狀記憶複合材料。實驗結果表明，基於這種材料製作的螺旋狀支架結構，可以在磁場作用下自動展開，並在短短的 10 秒內完成整個展開過程。

這種自展開血管支架可以用於治療因血栓引起的血管狹窄等心血管疾病，當自展開血管支架到達狹窄血管處時，透過調整外部磁場的強度，支架可以展開，使狹窄血管的直徑增大並支撐起來，從而恢復正常的血液流動。這項技術不僅實現了醫療器械的智慧遠端操作，還為微創手術提供了新的可能性，在人體內植入智慧化和個性化訂製的器件方面，具有巨大的應用前景，對於生物醫療領域的進一步發展，也具有重要意義。顯然的，這種能夠隨著血管環境與血液流速情況而自動變化的血管支架，即是 4D 列印技術的優勢所在，也是血管支架的真正價值。

🔷 骨支架

中國的研究人員利用 FDM 技術混合聚乳酸（PLA）和羥基磷灰石（HA），以 20：3 的品質比來製造出一種骨缺損的多孔支架，該支架具有形狀記憶功能。透過實驗結果發現，多孔的 PLA/HA 支架能夠良好地與 MSC 相互黏合，不僅能夠支持 MSC 的存活，還能夠刺激 MSC 的增殖，這成為其在醫學應用中至關重要的因素。

此外，支架中存在 MSC，有助於血管在植入部位的形成，這種形狀記憶支架不僅可以促進 MSC 的生長和增殖，還具有巨大的潛力用於骨替代和自我調

整植入物的應用。這也就意謂著，基於 4D 列印技術所列印的骨支架，不僅可以促進 MSC 的生長和增殖，更重要的是基於 4D 列印技術所形成的這種自變形材料，可以根據患者的成長而發生相應的自變化，以確保更 MSC 更有效的生長和增殖。

心臟支架

心臟支架是目前治療心臟疾病中最常見的手術，中國的研究人員結合 FDM 和醫學技術成功，研發了一種用於心臟瓣膜體內重塑手術的支架。這種支架基於 4D 列印技術，採用網狀結構設計，能夠縮小到一定程度，並在植入後發生膨脹，以恢復最初的形狀，特別適用於兒科患者。

透過機械性能測試表明，這基於 4D 列印技術所列印的支架，其機械性能與常用的鎳鈦合金支架相當，並且還具有生物降解的特性，這種採用 4D 列印技術製備的形狀記憶心臟支架，在生物醫療領域具有廣闊的應用前景。

牙科矯正

對於想要矯正牙齒的年輕人或者學生，越來越多的人選擇了隱形矯治器（即透明牙套）來提升美觀。一般來說，牙科診所會根據每個人的情況訂製幾十副牙套，每 1 至 2 個星期更換一副，逐漸調整牙齒角度，從而最終實現牙齒的矯正，然而這種方法需要使用多副牙套，在操作上可能會帶來不便和浪費，那麼是否有更好的技術方案呢？是否能夠一副牙套就能實現矯正呢？

來自德國、埃及和阿聯酋的科學家們基於 4D 列印技術，開發了一種新型的透明牙齒矯治器，這種矯治器與目前市場上的產品不同，它是由具有 4D

形狀記憶功能的聚合物製成的，這種矯治器採用了 Kline Europe 公司的透明 ClearX 樹脂，透過 DLP 工藝 3D 列印而成。它的特點是，一旦戴到使用者的口腔中，牙齒矯治器會變得柔軟，能夠適應、緊貼並重新定位牙齒的位置，然後再根據矯正的需要而發生變化。

在目前市場上流行的矯治器系統中，每次更換牙套後，牙齒只能移動 0.2 至 0.3 毫米，或者每次旋轉 1 度至 3 度。每副牙套需佩戴約 14 天，然後再更換成下一副，因此牙齒的整齊矯正週期相對較長，並且成本較高。對於這種矯治器，科學家們關注的是兩個主要缺點：「傳統材料的侷限性」和「牙齒運動的生物學考慮」。許多方法已被引入，以加速牙齒的移動。

另一方面，新型材料的引入也引發了人們的關注，形狀記憶聚合物（Shape Memory Polymers，SMP）是最近進入牙科領域的新材料之一，特別是在齒顎矯正應用中應用廣泛，它們為醫療材料應用提供了廣闊的潛力。顯然的，對於牙齒矯正這種需要隨著時間推移而發生改變的領域，4D 列印技術就具有了天然的優勢，因為 4D 列印材料就是具有隨時間（第四維）改變形狀的能力。可以預見，不久的將來，牙齒矯正將會成為 4D 列印技術的新應用領域。

新型膠囊

麻省理工學院的科研人員利用 4D 列印技術成功研製出了一款微型藥物膠囊，這種膠囊能夠透過溫度來驅動形狀的變化，當人體受到某些疾病的影響，出現體溫過高的症狀時，膠囊會發生形變，並將膠囊內的藥物釋放出來。

透過這種溫度驅動的形變機制，可以進一步控制藥物釋放的時機，在人體對於體溫上升尚未感知之時，藥物得以第一時間悄然釋放，這是傳統藥物所

無法實現的特點。而隨著 4D 列印材料的進一步深入，基於 4D 列印的藥物，可以將癌細胞作為觸發介質，在體內遇到相應的癌細胞，就能觸發藥物的釋放，這將改變當前的癌症治療方式。

 整形美容

中國第四軍醫大學西京醫院的研究人員研製並開發了一種可生物降解的材料，就是利用 4D 列印技術結合這種新型材料，成功列印出一種能夠生物降解的義乳，用於乳房重建手術。

經過術後的長期追蹤檢查發現，該義乳與患者的組織具有良好的相容性，自體纖維血管組織開始從周圍生長進入義乳內部，並在之後的二年內逐漸將義乳完全降解，同時自體的纖維組織逐漸代替義乳的功能。這種 4D 列印可生物降解義乳的設計不僅避免了體內材料殘留的問題，而且還能保證乳房的外形，提高患者的生活品質。

從上述的一些研究與應用情況可預見，4D 列印技術在生物醫療領域的應用，打破了傳統醫療器械技術與治療方式的限制，為微創手術、減少手術次數、藥物緩控釋、藥物精準投遞、組織器官替代等方面，帶來了更多的可能性。與此同時，4D 列印技術還能快速準確地根據患者個人情況，提供個性化醫療服務，為患者提供訂製的治療方案，從而減少他們的痛苦，並提高生存品質，這種技術為生物醫療的進一步發展，提供了新的發展方向。

隨著越來越多適用於生物列印的新型形狀記憶材料的研發成功和 4D 印表機的不斷發展，未來將會有更多的個性化智慧醫療器械應用於生物醫療領域，因此 4D 列印技術與生物醫療領域的有機結合，將成為未來醫療領域發展的新趨勢。

軍事篇

4D 列印不僅在生活製造和生命科學上展現出巨大的潛力，在軍事上的應用價值更是不容小覷，例如：透過智慧化的裝備和部件，軍方可以實現更高度的適應性和靈活性，從而提升作戰效能。此外，軍事基地和設施的構建，也可以透過 4D 列印技術實現更靈活、可變的結構，增強隱蔽性和安全性。4D 列印的應用有望為軍事領域帶來全新的解決方案，推動現代化戰爭的發展。

5.1　4D列印的軍事戰爭

顯然的，4D列印目前被關注的應用並不只在民生領域上，軍工領域對其表現出了更大的興趣。美國陸軍首席技術長格雷絲·博赫內克認為「4D列印延續了3D列印，並增加了變形維度」，其想法是當處於不同環境下，如水中或極端溫度下，3D列印出來的部件的性能可以隨之改變，這其中包括士兵的衣服及其裝備。

4D列印技術在軍事領域的應用備受關注。根據2022年8月聯合市場研究公司（Allied Market Research）的報告預測，到了2040年，全球軍用4D列印產業的價值將達到6.734億美元。同時，美國市場觀察網站報導指出，在2022年至2031年期間，軍用3D和4D列印市場的複合年增長率預計將超過10%，這表明了4D列印技術在國防戰略中的重要性。

「自我調整偽裝作戰服」是早期在軍事領域應用增材製造技術的專案之一，該作戰服能夠根據環境變化自動調節顏色，類似於變色龍，從而增強偽裝效果。4D列印技術的出現和智慧材料的發展，進一步提升了這種作戰服的偽裝功能，有望對未來戰場的隱蔽作戰產生革命性影響。

利用4D列印技術設計製造的武器裝備構件，能夠在戰場條件迅速變化的情況下，實現結構和功能的相應變化，這樣能夠提升裝備的環境適應性、優化性能，並降低成本。美國國家航空暨太空總署提出了一種未來智慧變形飛機的設計構想，該飛機的外形能夠根據外界環境自我調整變化，例如：改變展長、優化升阻比來增大航程和航時，以及改變機翼彎度來增強機動性能等，從而提高作戰性能。加拿大的研究人員也利用4D列印技術，為無人機開發了

4D列印無限進化

一種新型的自我調整柔性機翼，這可以提高無人機的機翼飛行效率，並降低製造成本。

4D 列印的自組裝能力在軍事領域上，同樣具有廣泛的適用性，例如：野營帳篷、單兵救生艇、戰場救護支架等裝備在列印後，可以用壓縮或折疊狀態儲存，使用時自動展開成預先設計的形狀，這大大簡化了組裝過程，降低了裝配零件的成本，也更便於攜帶和運輸。

作為一種快速上升的新型增材製造技術，4D 列印實現新材料、新工藝、新機理的組合創新運用，推動「材料 - 結構 - 功能」的一體化動態設計製造，促進了製造方式向智慧化轉型發展。儘管 4D 列印仍面臨智慧材料的種類與性能、列印工藝與裝備、智慧構件的評估與檢驗等方面的挑戰，但對於 4D 列印技術的美好未來仍然保持期待。

博赫內克曾表示，防彈衣未來可能會採用 4D 列印技術。陸軍在過去十年中，一直在努力滿足防護衣的雙重需求，也就是既有保護作用，又能足夠輕盈，不會給士兵增加負擔或限制動作。利用 4D 列印，科學家未來可能開發出輕薄小巧的防彈衣，便於儲存和攜帶，但也可以伸展開並提供全面的防護。

而且，4D 列印在軍事領域的應用，將影響著國家安全這一嚴肅的使命。根據科技日報關於《4D 列印技術軍事應用前景廣闊》一文的報導，重點探討了 4D 列印所帶來軍事科技的影響與國家安全方面的問題，大致如下：

3D 列印技術正方興未艾，4D 列印已經走入現實。電影《變形金剛》中，一輛汽車瞬間變換成為巨型機器人的場景令人驚嘆，藉由 4D 列印技術，這一科學幻想有可能在不遠的將來實現。2013 年 2 月在洛杉磯 TED 年會上，美國麻省理工學院研究員 Skylar Tabbis 將一根含有吸水性智慧材料的複合材料管

放入水中後，這根管子自動扭曲變形，最後顯示爲一個「MIT」字樣的形狀。這是 4D 列印技術的首次公開展示，在全世界引起了轟動性影響。

4D 列印技術是對 3D 技術的改進完善。3D 列印技術是一種增材製造技術，它以數位模型檔爲基礎，運用粉末狀金屬或塑膠等可黏合材料，透過逐層列印的方式來構造物體的技術。與 3D 列印相比，4D 列印技術增加了一個維度「變化」，其核心技術是材料自組裝，即在 3D 列印過程中在預先設定的部位置入某些智慧材料，列印完成後將產品放在特定的環境中，智慧材料在外界環境的作用下發生物理或化學變化，導致產品整體形狀、強度等要素發生變化。

如今，4D 列印技術在經濟生活中的廣闊應用吸引了大量研究，在軍事領域中也存在巨大的潛在應用前景。

一是打通武器裝備製造到使用的鏈路。4D 列印技術將顛覆武器裝備傳統的「製造 - 部署 - 使用 - 報廢」的流程，可能使之優化爲「半成品製造 - 部署 - 現場塑造 - 使用 - 回收 - 再部署」。武器裝備將可以在部署現場，根據周圍環境和作戰目標的不同，優化調整設計參數，快速塑造成形，甚至實現環境自我調整，從而大大提高武器裝備的環境適應能力和作戰效能。例如：透過 4D 列印技術，有可能實現根據外界光照的變化自動變換形狀和顏色的僞裝網，與周圍地貌融爲一體，提升僞裝效果。

二是促進大型裝備構件的現場製造。儘管 3D 列印前景廣闊，但是受限於 3D 印表機的尺寸，目前還只能實現中小尺寸材料構件的現場列印製造。利用 4D 列印技術，可以預先設計大型結構的折疊狀態，以及展開所需的關鍵部位和敏感材料，然後利用 3D 印表機列印出半成品，透過特殊的物理場控制實現成品的自動展開。典型的應用是衛星太陽能帆板和天線等大型結構的空間自組裝，將大大減少所需的機械部件數量和重量，降低衛星發射所需的體積和重量。

三是推動微小型軍用機器人的發展。微小型機器人將在未來戰場執行大量偵察或打擊任務，體積、重量和能耗很大程度上與機器人運動與變形所需的齒輪、鏈條等機械部件有關。4D 列印技術將為微小型機器人的運動與變形提供新的技術路線，透過敏感材料的精確設計和控制有望取代齒輪等傳統機械部件實現機器人運動，從而顯著減小機器人的重量和能耗需求。

四是變革軍事後勤保障流程。透過 4D 列印技術，可將更多武器裝備製造成折疊狀態，減小裝備體積，方便遠端機動，減少長途運輸中可能發生的不必要損壞。4D 列印出的半成品將有更強的可塑造能力和環境適應能力，也有望減少裝備器材的種類和庫存數量，提高後勤效率，發揮更強的作戰效能。

當然 4D 列印對於軍事領域的影響是深遠的，尤其是以美國為首的一些技術探索，包括在防彈衣、軍械方面的應用，以及偽裝技術、室外通訊系統等設施，都將受到 4D 技術的影響。

5.2 未來戰爭之變

顛覆性技術的出現，往往最先應用於軍事領域。3D 列印在新軍事變革中方興未艾，4D 列印又會帶來什麼樣的未來戰爭呢？

低成本戰爭

4D 列印將驅動節約型軍事生產，不論是潛艇、太空站、太空船等大型武器裝備的製造組裝，還是智慧防護衣、特種槍支等高端小型武器裝備的設計生產，對於研發單位和軍工廠來說，研發、生產成本都是較高的。3D 列印的出

現，部分解決了製造生產的初期問題。復旦大學沈丁立教授對 3D 列印軍事武器的原理有一個形象比喻：「傳統的製造是一門雕刻技藝，對多餘的部分做減法；而 3D 列印與之相反，我需要什麼，才增加什麼。」4D 列印技術則更進一步，在一體化列印的基礎上，實現了武器不同部件的可變形組裝。

因而，4D 列印簡化了工業製造中的繁瑣環節。設計者只要簡單地程式設計，而無須生產機床等上游生產設備，部件與產品本身結構的難易程度將變得不再重要。英國航太系統公司（BAE Systems plc）透露，旋風式戰鬥機部分零組件的一體化列印，預計可節省 120 萬英鎊的成本。產業鏈升級帶來的絕不僅僅是數筆經費的節省，極有可能是造價顛覆式的革命，例如：航空母艦上的武器和配套裝置，人造衛星、太空站以及太空船上的儀器裝備，一旦出現某個零組件故障卻無材料維修的窘境，帶來的損失可能是一個天文數字。4D 列印技術根本性地解決「寸土寸金」的特殊環境下的材料安置問題。

快速化戰爭

快速化戰爭首先體現在武器裝備的生產製造上，毋庸置疑，4D 列印下的軍工生產將大大縮短武器升級週期，突破軍事創新時間的阻礙。傳統武器研發一般是先類比後製造，或者一邊建物一邊調整模擬效果，而前期設計生產涉及到人員組織分工協同、構件生產運送組裝，後期調整又涉及到部分構件重製、裝備重組，甚至核心的改變，雖然整個流程結構高度緊密，但是環節則比較分散，冗長的產業鏈不可避免地拉長了武器裝備的研發週期。

4D 列印讓快速建模有了根本性的轉變，硬體和軟體的緊密結合，將顛覆武器裝備傳統的「需求導向 - 設計實驗 - 製造研發」流程，使得設計建模到產品成形高度一體化，無須考慮複雜的模型結構、依賴高級、精密、尖端的輔

助設備，產品成品所需時間將大大縮短，這無疑將加快武器裝備更新換代週期，為實現武器裝備由批量化生產轉向訂製化製造提供了可能性。

武器生產研發快速化的保障，衍生助推戰爭的快速化。4D列印快速轉換「需」、「求」的特質，將滿足戰場實戰化要求。戰場環境複雜多變，裝備損毀後很難得到及時修復，會影響作戰任務的正常執行，而4D列印在戰場上廣泛運用後，就可有效解決長距離複雜環境下快速運送維修的問題，甚至實現武器裝備即時自我修復。即使武器裝備損毀至難以修復，結合3D列印，只需三維類比圖形，零組件當場也能被快速列印製造。

🔷 智慧化戰爭

4D列印技術的發展應用更多取決於智慧材料的進步，而不是列印手段，它所需要的並非是一般的普通材料，而是帶有記憶功能的智慧材料，是一種能感知外部刺激，並能夠透過判斷而進行自我變形、組裝的新型功能材料。資訊化戰爭中，作戰任務的不斷拓展，對武器裝備提出了更加特殊的要求，依靠武器裝備的固有性能，已不能適應多變的戰場環境，這就要求新式武器要能根據不同戰場環境的需要，來做出適當的動態調整。以戰鬥機為例，用4D列印技術做成的部件如果遭敵破壞，戰鬥機無須迫降，也不必等待零件運送及專業技術人員的到來，損毀部分會快速脫離飛機，新的部件可自行再構。這種智慧化的「可再生」能力，將有力保障更為激烈作戰任務的完成。

沙發可自我組裝，管道線路智慧地在地下鋪設，4D列印技術智慧應用正在顛覆某些傳統民用行業。在軍民融合背景下，部分成功轉型的案例可直接應用於現代軍事保障，現代軍事保障由供給需求、成品生產、物資調撥、物資運輸、分類發放等諸多環節構成，涉及交通運輸、天候地形等諸多因素，流

程複雜難控，精密裝備或易損物資在配備過程中可能意外損毀，給後勤保障帶來不便，而4D列印技術的智慧化產品受外界影響小，可自動組裝為成品，能較好地解決這些問題。在運輸方面，武器裝備可製成折疊狀態或半成品，在需要時進行智慧化自我組裝，這種簡單的改變減小了運輸裝備體積，降低了損毀可能性，方便遠程機動。

個性化戰爭

各種智慧化武器的應用必將導致個性化戰爭出現。資訊化戰爭的作戰模式不斷創新，對作戰提出了更多的特殊要求，依靠武器裝備的固有屬性組合，已難以適應多變的戰場需求，這就要求包括武器裝備在內的作戰力量能根據不同戰場情景做出「個性化」調整，打造出獨一無二的作戰力量。

4D列印技術不僅可讓人類腦海中的想法被快速列印，而且可將多種可能的修正要素預設在列印材料方案中。由此，在武器列印成形後，根據戰場的不同情況，使用者可根據自己的想法，驅動武器實現自我變形、完善、修正，訂製有針對性的武器。單兵武器相對簡單，也許只要改動一點參數設定，即可收到意想不到的效果。對大型系統類武器裝備，4D列印需要在更高層次上解決產品自行組裝問題，增加自行創意變化環節，幫助使用者實現人劍合一。武器裝備運用過程中，可根據周圍環境和作戰目標不同，優化調整設計參數，快速塑造成形，甚至環境自我調整，從而大大提高武器裝備的環境適應能力和作戰效能。

無疑的，4D列印作為顛覆性技術的代表之一，在軍事領域的應用會日趨廣泛，影響力會持續加深，必將引發一場劃時代的軍事技術革命和作戰方式變革。

5.3 走入外太空

4D 列印不僅對於軍事領域有著重大的意義，對於航空航太領域來說，更將帶來重大的技術改變和突破，因為隨著人類探索外太空的腳步不斷地向前邁進，如何更有效、可控地著穿梭於宇宙星系之間，悠遊太空站，也就成為了科學界新一輪的探尋攻尖方向。

登陸太空，探尋未來。載人太空船不僅是人類走向太空的階梯，更是連結太空與人類之間的紐帶，承載著無數的可能與希望。我們現在運行的傳統載人飛船往往由兩個艙組成，一個是「密封載人艙」，艙內設有能保障太空人生活的供水、供氣的生命保障系統，以及控制飛船姿態的姿態控制系統、測量飛船飛行軌道的信標系統、著陸用的降落傘回收系統和應急救生用的彈射座椅系統；另一個是「設備艙」，艙內有使載人艙脫離飛行軌道而返回地面的制動火箭系統，供應電能的電池、儲氣的氣瓶、噴嘴等系統，兩個艙共同完成太空人往返太空的探密之旅。

同時，基於太空飛行作業存在著的高難度係數，科學家往往對載人太空船採取多重措施，以防範並解決一些特殊問題的發生：

環境控制措施

主要作用是調節艙內和太空衣內的溫度、濕度和壓力，確保太空人所需的氧氣量、通風量、用水量，並吸收和處理廢物。

人工控制措施

主要是在自動系統失靈的情況下，由人參與操作和控制飛船，處理應急狀態下的一些情況，避免發生意外。

安全返回措施

主要是確保太空人安全返回，這除了設定可靠的防熱保護層，保證返回艙不致被燒毀外，還要使返回過程中的制動超載裝置非常有效，以保證太空人的身體能夠承受；同時還要提高落點精度，以便及時發現太空人。

無論是飛船本身還是配套的防範措施，可謂都是環環相扣。而越多的設備、越複雜的環節設定，無疑也將伴隨風險機率的提升，如何最大限度地實現太空之行的簡約安全呢？4D列印將成為一種新的方案和希望。

首先，4D列印將提升太空人的機體能力。4D列印的高能量食飲將被植入人體內部，並隨著時間的推移和人體器官回饋出的需求情況，進行有序地釋放與轉化分解，以供人體吸收；4D列印的微型機器人醫生將在太空人的體內進行24小時的巡邏，隨時捕捉生理特徵資訊，以保障人員的健康與安全；而更多的4D列印人體輔助機能設備，將類比太空生存空間，進行環境設計和程式碼程式設計，讓配戴著這些設備的太空人能在太空飛船、甚至外太空行動自如。

圖 5-1　太空人

未來我們進入太空探索的時候，太空人與科學家將不再像今天一樣擔心重力的失衡，透過穿著 4D 技術所列印的衣服，在不同的氣體與重力環境下，衣服將會自動變化形狀、大小，以適應新的環境。鞋子也將會根據不同的登陸地的接觸面情況進行調整，以增加抓地力或摩擦力，保障太空人便捷行走。

與此同時，4D 列印技術還將讓載人太空船更具自我轉化功能。在運載太空人送抵太空的過程中，將主司載人艙的功能；而當太空人完成太空任務之後，飛船將進行功能轉化，主司設備艙的功能，將人員送抵回地球。

不僅如此，4D 列印的太空船與中國的東方一號太空船的最大不同在於，東方一號太空船和運載火箭都是一次性的，只能執行一次任務；而 4D 列印的太空船及設備，將透過自變形轉換和自我復原機制來實現不斷的重複利用，並在此基礎上實現設備的不斷精進升級。

4D 列印技術和材料不僅應用於太空船和航太中，還將在太空站及空間步道的建設中發揮積極的作用。隨著 4D 列印技術的推進、宇宙空間設備建設的升級，人類也將真正有了可以輕鬆邁出地球、便捷走在外太空的階梯。

4D 列印的材料中，越來越多地加入智慧感測技術，也就是智慧穿戴技術的融合，其對於航太航空以及軍事活動都將帶來巨大的改變與影響，並由此增加我們對於未知世界更多的認知與瞭解。明天，隨著 4D 列印技術的發展和應用實現，人類將從地球村走向宇宙村，開啟一個全新的不可知未來世界。

商業篇

科學技術突飛猛進的發展，勢必會帶來與之形影相隨的人類社會的生存模式和商業形態的變化，那麼 4D 列印的面世及其材料和技術的推進，又將給我們的社會生態帶來怎樣的變革呢？當下電子商務模式中的 B2B、O2O、P2P 等模式，又將會迎來怎樣的格局變數？尤其是蠢蠢欲動，正處於待發之勢的分享經濟新模式，是否能搭上 4D 列印的順風車而扶搖直上呢？一切皆有變數，而唯一不會變的是 4D 列印即將開啟人類的商業生態新模式。

6.1 商業生態革命

　　我一直在想 4D 列印作為一種新的生產資料，帶著這麼強的一種顛覆性來到我們的身邊，我們未來將會處於一種什麼樣的商業場景呢？當前火熱的「互聯網＋」（意味著網際網路技術與傳統產業相結合，促進產業轉型升級）以及 UEBR 所代表的「共用經濟模式」，給我們當下的商業場景已經帶來一些深刻的改變，尤其是對上一次商業浪潮中所構建的龐大商業體。之前由於中國處於一個物資相對匱乏、各種科技與今日相較是兩個時代的那個時期，包括聯想（Lenovo）、海爾（Haier）、蘇寧（Suning）等龐大的商業體憑藉著其強大的線下管道體系，在「互聯網＋」之前的時代中，於各自的領域內構建出一艘商業的航空母艦。

　　但到了「互聯網＋」的時代，曾經成為他們成功的一些關鍵要素，從根本上發生了改變。從根本意義上而言，網際網路並不是以一種新的生產資料的方式出現，更多的是以一種資訊工具的方式存在，不過由此所帶來的社會深層變化，已經讓當前的整個商業生態發生改變，並且有更多的改變正在邊緣發生著。那麼，在 4D 列印時代中，改變的並不是資訊工具，而是整個生產資料的方式發生了改變，正如蒸汽機的出現，讓整個生產資料、生產工具、生產方式都發生改變一樣，4D 列印也正是以這樣一種新的生產資料、生產方式的形式出現在時代中。

　　我們可以想像到，一旦生產資料、生產工具、生產方式發生了改變，那麼其所帶來的變革，將遠遠超過我們今天面對的「互聯網＋」浪潮所帶來的影響。舉例而言，在蒸汽機革命之前，我們賴以維生的生產工具是什麼呢？無非就是傳統農業社會的那種初始的手工工具，因此當時整個社會的商業生態

是構建在相對緩慢的生產模式之上；進入工業革命之後，由於生產資料、生產工具、生產方式的改變，整個商品的供需平衡被打破了，於是我們看到一種新的商業生態出現，並在網際網路時代之前維持著相當長的一段時間。

進入網際網路時代之後，儘管其所改變的並不像工業革命一樣，是從整個生產資料的環節進行變革，但其對生產資料、生產工具、生產方式的資訊流動方式進行了改變。從目前的情況來看，這種資訊流動的改變已經對整個商業生態的建構進行新一輪的變革。那麼我在想，隨著 4D 列印技術的出現，這種由新的生產技術所帶來的生產資料、生產工具、生產方式的一系列改變，可以說是一場類似於蒸汽機所引發的新工業革命，在這一場新的工業革命之下，我們的商業生態、商業構建必然會發生根本的改變。

可以預見在 4D 列印時代中，今天類似於阿里巴巴、萬達的（包括當前火熱的 O2O 模式）都會被取代，並且以另一種新的或者我們未知的商業名詞出現且存在。我們今天引以為傲的龐大工廠或者強大的裝配能力，在 4D 列印的時代中將被取代，並且以一種非常尷尬的角色存在。

如果說 3D 列印改變的是製造業生態，那麼 4D 列印改變的將是整個商業生態。最簡單的例子就是宜家（IKEA）將會被改變，未來當我們擁有一台 4D 印表機，在家裡或是特定的地方列印幾層材料後，我們只要放在陽臺給它洗個澡，過一會兒，一個書桌就會自動組裝好，並呈現在我們眼前，我們不再需要親自動手組裝，因此 4D 列印所帶來的不僅是材料的革命，更是商業生態的革命。

6.2 商業場景新模式

在 4D 列印時代，大部分的商品並不需要藉由工廠進行生產，而是圍繞著一個社區或幾個社區配置不同的 4D 印表機。不論是對於當下的購物商場，或是四處佈道的電子商務平台來說，當前這種商業方式所存在的價值與意義將會失去。對於一般商品而言，家庭的桌面級印表機將走入千家萬戶，使用者可以根據自己的想法列印出各自所需要的產品，當然也可以將自己的一些創意透過產品的形式列印出來，並藉由資訊工具完成傳播、交易等。而個人使用者在 4D 列印時代所扮演的角色將是一種多元的角色，既是消費者，又是使用者，也是生產者。

而對於一些特殊商品，尤其是一些相對比較大型的商品，這種印表機由一些機構或個人所提供，消費者只需要在物聯網的大數據平台中提出自己的需求或者想法，大數據平台就會根據我們的需求進行分析，並為我們提供最優的實現方式，因此對於我們真正要進入的 4D 列印時代，商業生態到底會用什麼樣的詞來形容呢？至少以當前的商業名詞來表達，都不是非常準確的方式，或許我們只有進入了那個時代，才能感受到那個時代的新商業名詞。

試想，我們今天你死我活地砸錢燒平台，砸錢搞所謂的「新壟斷商業體系」，為什麼不花錢對這種真正顛覆未來商業生態的顛覆性技術進行投資，這才是未來。而正在路上的智慧穿戴、人工智慧、物聯網等強大的技術，並由這些所建構出來的整個物聯網時代，我們的資訊流動方式將會在今天的網際網路基礎上更進一步的變革。再加上由 4D 列印技術所帶來的整個生產方式的改變，我無法用簡單的文字描述，但能說的只是一點，未來會如同我們今天顛覆之前的時代一樣，將顛覆我們今天所建構的整個商業生態。

6.3　社群 + 群募 + 共用

未來或許將以我們當前無法認知的方式出現，但非要從目前已經存在的商業名詞中找到幾個詞來幫助我們理解的話，我會選擇六個字：「社群、群募、共用」。

在 4D 列印時代，幾個志同道合的朋友或鄰居，按照當下流行的說法叫做「社群」，不過這個社群的概念並不一定像今天基於網際網路的社群一樣的大概念，可能就是幾個人，他們基於共同的一種需求，例如：大家都對創意家居類的產品感興趣，這就構成了一個社群，然後大家一起出資，也就是以「群募」的方式來一起購買一台符合創意家居類產品列印的 4D 印表機。

之後呢，就進入「共用」的模式，也就是這個群募的社群人員都可以根據自己的需要來使用這台 4D 印表機，大家各自只需要在自家的智慧終端裝置上設計好所要列印的產品（當然智慧終端裝置已經不侷限於我們當前所認知的 PC，或許是依賴於智慧穿戴裝置），然後上傳到 4D 印表機，就可以進行列印了，這個操作就和當前的文字印表機同一個道理。當然，這個社群還可以將這台印表機的閒置時間藉由網際網路的資訊平台租出去，這就構成了更大的一個共用經濟圈。

6.4 消費安全指數

有一個汽車愛好者美好地憧憬著，在地下室的生產廠房中，透過 4D 印表機製作使用者訂製的方向盤，而這一個個透過簡單的列印便騰空出世的方向盤，雖然沒有經過品質和安全監測，其設計檔也可以在一個廣受歡迎的出售新奇汽車配件（如新奇的空氣清新劑和換擋把手等）的網站上輕而易舉地買到。

汽車業餘愛好者線上出售列印出來的方向盤，它的買家買到後，將其安裝在汽車上；幾個星期後，他發現在高速行駛時要向左急轉彎，根據使用者量身列印出來的方向盤就會脫離，不過為時已晚，買家已經車毀人亡，但是透過 4D 列印技術製造的方向盤，則可以避免這樣的悲劇的發生。就如同隨著外部環境變化而會自然產生形變的輸水管道一樣，方向盤會根據車體的狀況，自發形成最契合的無縫拼接，跟車子完完全全地相互融合為一體，杜絕了方向盤脫離情況的發生。甚至，如果車子本身也是透過 4D 列印而成的，那麼它還將在車禍發生的情況下，做出相應的形變，以確保車子裡面的人體安全。

6.5 新物流形態

在過去幾十年全球化概念的推動下，地球村讓物品在世界各國及國內各城市之間的流通，變得普遍而頻繁，尤其以馬雲及其淘寶為代表的電商，更是為物品的運輸與流通注入了一劑強心針，但是隨著世界以石油、煤炭為代表的能源資源的日益緊缺與匱乏，將在很大程度上讓全球化步調下的實物運輸

與流通的腳步變得沉重且緩慢。畢竟，在沒有能源資源支援的情況下，全球化和地球村還有可能退回至曾經的美好願景，而這也就意謂著，實體物品傳輸與流通的範圍將逐步縮小，本土化的產品生產與製造將有可能再度升級為主流。

而在這個時候，傳統的全球化概念將進行演變升級，成為數位模型全球化和生產製造本土化的相結合。「供方」，即設計師透過電腦對產品的設計列印方案進行程式設計，以數位模型的方式進行儲存，透過電腦銷售給世界任何一個國家地區的「需方」，然後透過網路傳輸進行交付；「需方」在接收到產品的設計程式後，即可透過所在地的 4D 印表機，將實物列印出來，實現產品的本土化生產與製造。

如此便捷的產品交付與製作方式，讓人聽起來頗有點科幻的感覺，但事實上，在一個名為「Thingiverse」的共用網站上，設計者可以上傳他們的數位作品，其他人可以下載或列印，這已經成為現實，而且已經有很多人經常性地線上共用檔、圖片和影片。

其實，4D 列印的神奇之處還遠遠不僅於此。依託於 4D 列印時間維度參數設定的變化，本土化所列印的物品還將根據所在地的物理環境變化來進行適應性調整，堪稱量身訂製。這一點基於傳統的全球化，物品在統一生產基地進行標準化生產的情況下，是很難實現的。

在 4D 列印時代，列印物件將透過電腦和網際網路實現數位資訊在物理世界中的儲存和傳輸，這還將解決因能源資源的缺乏而桎梏的遠距離實體物品運輸的問題，並最大限度地減少能源資源的浪費，且提高物品傳輸的效率。

4D 列印無限進化

創客篇

《晏子春秋》中有一句話:「為者常成,行者常至」,大意是努力去做的人常常可以成功,不倦前行的人常常可以達到目的,這句話用在個人 4D 印表機的發展歷程上,也同樣精闢,因為正是由這樣的一批人推動著 4D 列印從 3D 走來,他們的名字稱為「創客」。

7.1 創客新時代

「創客」一詞來源於英文單詞「Maker」，是指一群喜歡或享受創意的人，他們追求自身創意的 DIY 實現，即喜歡透過動手製作，努力把各種創意轉變為現實產品。他們就像軟體公司的超級使用者，又有點像駭客，喜歡按照自己的意志修改軟體，依自己的意願改進技術，而且創客在崇尚個性化訂製的時候，還崇尚開源共用，由此體現的是一種自信，相信即使把所有技術細節都免費公開了，世界上也沒有人能在這個小領域做得比自己更好。

創客雖然在中國才剛剛萌芽，但是在國外卻已經有著悠久的發展歷史。史蒂夫・賈伯斯堪稱是創客界的元老，從小愛反覆思考的他曾嘗試改變電話中的脈衝頻率來打免費電話，也正因為他具有對創新的執著追求精神，才成就了今天的蘋果（Apple）。而且，創客文化中的多元與分享，使其極具包容性和親和力，能讓更多人參與進來。麻省理工學院電子工程和電腦專業的辛普森・星（Star Simpson）是一個開源硬體的沉溺者，她說：「在我看來，低科技和高科技並無區別，它們都是把我們的設想變成現實的工具。」

隨著創客文化發展得如火如荼，一大堆新奇的技術和產品隨之誕生。創客的特點也隨之突顯：其一是要親自動手做；其二是把做好的新奇玩意兒拿出來分享，而且是那種把設計製圖、原始碼拿出來與大家徹徹底底共用；其三是利用網路溝通的優勢，和志同道合的人一起合作，共同探討和完善產品的創意定位、技術難點、融資方式、盈利模式、行銷手段等。正是因為他們的熱情和無私，才打破了大工廠、大公司和跨國企業的技術封鎖，為「個人智造」、「家庭智造」、「網路社區智造」的新時代到來，打下了堅實的基礎。

7.2 4D 列印實踐創意

當人們還在摸索 B2C、探討 C2B 的時候，基於 3D 印表機的 4D 列印技術運用，已經開始率先編織著未來世界的另一幅科技藍圖，那便是彰顯自主創意、與眾不同的個性化世界。在那裡，全民創作，人人都是藝術家；在那裡，每個人的物品都是獨一無二的專屬，只屬於自己的擁有；在那裡，家家戶戶都可以創辦起自家的工廠，讓大型的傳統製造業企業化整為零。

而我們透過 4D 列印製造的個性化產品，還將隨著時間維度、生活空間的變化而幻化無限可能，像是我們使用的物品，可以隨著存在空間及介質的變化而變化；我們穿著的衣服，可以隨著身體的成長及胖瘦的變化而變化；甚至我們身體的器官，可以隨著生存狀況的變化而不斷修復、改善與升級，這一切無不源於 4D 列印的問世與發展，它將讓我們的未來世界變得神奇而富有創意。

3D 列印帶領產品訂製跨過了高昂的成本門檻，4D 列印則進一步為產品的私人訂製鬆綁，使其在沒有成本束縛的空間縱步向前，得到快速升級。

低成本產品訂製的普及，所需具備的最起碼條件是數位產品設計程式的共用。曾經，我們這樣評定：設計軟體塑造了我們的世界，因為幾乎每個建築模型、每件產品原型以及成品的背後，都存在一個電腦設計檔，包括你此刻坐著的椅子、你手中拿著的書、你辦公桌上的電腦、你開的汽車、你住的房子，甚至於你襯衫上的一個鈕扣，所有這些東西在實際生產出來之前都是數位的，簡而言之，設計檔是現代工程的語言。

在所有的產品被生產出來之前、甚至之後，設計檔往往都是不公開、被保密，因為他們不僅是設計師們的勞動成果，更是智慧體現，所以往往被冠以「智慧財產權」而保護起來。

但是，隨著 3D 印表機的推廣、4D 列印技術的發展，更多的設計程式在創客們的創意靈動下浮出水面，越來越多的個人創客、組團創客出現，更多獨闢蹊徑的創意及產品應運而生，而且創客們依靠著對自我的充分信心，以及對資源分享意識的崇尚，讓這個世界上的每顆蠢蠢欲動的心享受到設計檔的福利。每個人但凡有意願，都可以輕易地從相關的媒體或網路資訊平台上，獲得創客們發布的產品設計的初級原始碼，同時進行技術上的交流溝通與學習互動。

基於此，每個人都可以根據自己的喜好和意願，在創客們原始設計的基礎上，對產品的局部進行個性化的修正、調整及再設計。而對其中的部分原始碼和程式做出相應的微調之後，一個充分融入個人審美、喜好的新產品設計程式碼便應運而生，隨即成為這個世界上專屬於你的獨一無二的「私人訂製」。推而廣之，但凡有意願，全民皆可在創客搭建的資源沃土上，創作出個性的訂製新品。

一場「創意在民間、人人皆設計」的 4D 列印運動已經在醞釀發酵，並緩緩掀起製造業生產新模式的序幕。

7.3　4D 列印平民化

正所謂「欲觀千歲，則數今日；欲知億萬，則審一二」，即「近可以知遠，一可以知萬，微可以知明」。而以近知遠，我們從創客的努力中可以看到，在不久的將來，緊隨 3D 列印之後，4D 列印將滲入到我們未來生活工作的各個方面。

早在 2012 年 2 月 7 日舉行的第二屆「白宮科學展」上，一群創客受邀前往白宮國宴廳，演示了來自民間的創造。14 歲的創客喬伊‧哈迪（Joey Hudy）在美國總統歐巴馬的幫助下，發射了他自己發明的頂級棉花糖大炮。2012 年，在荷蘭的首都阿姆斯特丹，一場聚焦 3D 列印技術最新成果的現代藝術展在這裡拉開帷幕，這讓我們充分感受到民間創意的無窮力量，就如一位偉人曾說過：「人民，只有人民才是創造世界歷史的動力」。

而隨著 3D 列印和 4D 智慧化資料的珠聯璧合，產品的設計和製造的門檻變得幾乎為零，這也方便了一般使用者得以輕鬆組團成為創客，創造新工業革命的奇跡，將原本極其昂貴的 3D 印表機從高大上的大工廠請到尋常百姓千萬家。而數位發展更將迎來人類社會有史以來的第一個「個人英雄機會」的全面爆發期，因為我們生來都是創客，從小時候學會捏人生的第一個泥巴開始。

長此以往，人們不斷地升級自己的奇思妙想，乃至突發其想，並將手中不斷推陳出新的工具應用於日常生活，由此推進現有技術不斷地走向被顛覆，而新的技術則掀起一次又一次的革命浪潮。關於 3D 印表機的推廣及在技術層面的 4D 升級，也將隨著創客們的興趣和努力，不斷地走出高科技的城堡，跨入尋常的百姓人家。

7.4 一台印表機開啟創業路

4D 列印的風行，讓人人都能變成充滿創意的設計發明家。

隨著 3D 印表機、4D 列印技術的推廣與應用，我們不僅可以在家裡為自己列印所需的個性物品，還可以輕鬆創業，成為 4D 列印產品製造商。只要客戶有需求，無論是模型、零件、甚至食物、汽車，我們都可以動動滑鼠，為他們列印出獨具創意的個性產品。

與農業時代相仿，原先的一畝地可以自給自足養活一家人，而如今則是一台印表機的有限成本，就可以讓大家輕鬆辦起自己的「製造」工廠，走上「生產」的創業路，而且這樣的企業將最大限度地縮減作為 4D 列印製造商的人力、物力與財力成本：個人＋印表機（含材料），如此而已。鄰近的人家可以實現分工協作，以滿足於大家的不同需求，可謂是全民製造，只是區別於古代的耕地織布，而今呈現的是一幅家家戶戶「生產製造」的繁榮景象，來滿足科技社會的物質生活需求。而基於科技進步，我們使用的不是榔頭鋤子，而是高科技的 4D 印表機和可記憶的聚合材料；我們出產的不只是糧食穀物，而是滿足生活、工作等全方位需求的各種物品。

衣服

從 4D 列印的生產製造過程中，主司服裝生產和製造的人家將創造人類服裝史上真正的「私人訂製」，開創「人手一件衣服」的新時代。顯然的，這一件衣服便具備了多方面的自變形能力。首先，基於出席場合定位的服裝，將會按照穿著者的需求，而變幻出不同的形狀和顏色；其次，基於與人體的接

觸，衣服還將根據人體溫度的變化，而呈現出厚薄程度和不同材質的變化，以便滿足人們一年四季的穿著需求；再則，衣服還會在程式設計中，預設人體骨骼生長的需求，隨著個人的成長而成長，這樣的每一件衣服才是真正意義上實現服裝製造業的私人訂製。

食物

食物的 4D 列印，將改變人們傳統飲食的不良習慣，並從此告別垃圾食品。首先，人們可以在原材料的製作過程中，做到取其精華去其糟粕，將食物中的垃圾剔除，這將在很大程度上打破我們當前「病從口入」的困局；其次，增強食材與人體機能的匹配度，在此基礎上，人們將避免因亂吃對身體帶來的影響和對食物造成的浪費，也將由此真正實現飲食的私人訂製。

住所

關於 4D 列印的住所，我們在其他章節中已經對固定於某一場所的房子做了相關介紹。在這裡，我們將對行動住所進行暢想，這種住所將在未來人們所追求的旅行生活中發揮更大的作用。首先，4D 列印的行動住所將根據使用者的個人喜好來進行模式設定，所以它的變形結果也將最大程度地滿足人們的喜好需求，例如：喜歡帳篷形式的人的住所，便可在介質作用下變形成為新式帳篷；喜歡房車形式的人的住所，便可在介質作用上變形成移動式房車。其次，用於行動住所製造的 4D 列印原材料，將有更強的收縮和捲曲能力，同時還可以在介質的作用下實現復原，以便實現多頻次的重複利益。

🔶 交通

　　作為交通的代表，我們已經在第 3 章介紹了 4D 列印 BMW 車輛。而在未來社會中，更便捷的交通工具或許是我們腳上的一雙鞋，就如同哪吒腳上的風火輪；或許是我們屁股下面的一張椅子，就如同無人駕駛的新敞篷；更是我們頭頂的一頂帽子、一把傘，輕輕一按便可帶著我們飛翔。這一切的逆天裝置，都將隨著 4D 列印技術的不斷推進發展，原材料的性能開發和程式設計預設，以及科技發展對全民的普及應用。

7.5　4D 列印的力量源

　　21 世紀，我們每個人都希望使用與眾不同的產品，正如我們每個人都與眾不同一樣，這讓我們明顯感覺到這個市場充滿著無窮的商機，個性化訂製的產品往往利潤豐厚。創客們正在形成一種新的工業組織模式，以興趣為驅動，以專案為導向，公司規模更小，趨於虛擬、非正式，他們在營運中組隊與重組，團隊成員遠遠少於傳統的大公司，但創新能力卻高於大公司。創客們不僅僅在細分市場上表現得遊刃有餘，而且在大眾市場上也頻頻掀起翻天巨浪，如此一般，創客的存在與發展將成為 4D 列印發展的潤滑油、加速器。

　　回溯歷史，假使沒有賈伯斯，很難想像蘋果（Apple）會成長為全球市值最高的公司，教主出走，蘋果衰弱，衰弱到幾乎破產；教主回歸，蘋果興盛，首先拿 iPod MP3 直接讓索尼（SONY）雄霸世界多年的隨身聽徹底絕跡，接著用 iPhone 手機直接讓世界排名第一的手機公司諾基亞（Nokia）宣布不再做手機。要知道，蘋果只是負責設計手機，自己從來就沒有生產過手機，其都

外包給郭台銘的富士康公司去製造，可以說蘋果幾乎是赤手空拳，就把諾基亞給打敗了。在新工業革命時代，藉由「取之不盡、用之不竭」的網路知識共用和協作，個人創造的威力將被放大很多倍，有時一個創客足以推翻一個傳統的產業帝國，可謂「百萬軍中取上將首級，如探囊取物耳」。

美國一位名叫伊隆‧馬斯克（Elon Musk）的創客，他被認為是電影《鋼鐵俠》的角色原型。2002 年，馬斯克把自己與人合夥創辦的 PayPal（世界最大的網路支付平台，中國的支付寶與其類似），以 15 億美元的價格賣給了全球最大的網上商店 eBay，之後馬斯克建立了特斯拉（Tesla）公司，生產出世界上第一輛能在 4s 內從 0 加速到 100km 時速的電動跑車，並成功量產。

2010 年，馬斯克創辦的另一家公司 SpaceX 所發射的獵鷹 9 號火箭，成功將龍飛船發射到地球軌道，這是全球有史以來首次由私人企業發射到太空並能順利招折返的飛船，整個航太界為之震動。獵鷹 9 號火箭的標準發射費用為 5400 萬美元，而美國國家航空暨太空總署（NASA）的發射費用為 4.35 億美元，NASA 隨後宣布，美國所有太空梭 2011 年退役以後不再新造，而是委託給像 SpaceX 這樣的私人公司，將物資補給送入國際空間站，並與之簽署了一份價值 16 億美元的合約。可以說，在火箭製造與發射方面，馬斯克以一己之力打敗了 NASA，馬斯克還計畫發明一種可以重複使用的火箭，並希望在 10 年內實現人類移民火星的夢想。

正是創客們的 DIY，不斷開啟人類創新之源，如今當 3D 列印和 4D 智慧數位工具成為新一代創客手中的雙節棍，世界將由此改變。而隨著 4D 列印概念的出世及相關技術的發展，創客必將一如既往，再掀時代科技的高潮。

7.6　4D列印與創客聯姻

傳統製造業的優勢在於流水線的標準化、規模化大生產，這顯然是商品短缺的時代中一種最為有效的發展、獲利方式，但在今日生產資料與生活物資都趨於飽和的情況下，消費者的需求開始轉向於文化、精神層面的思考。

在這個過程中，新的生產資料將會受到重視，例如：智慧化、4D列印等新興生產資料的出現，一方面是順應了歷史發展的階段，也就是科技發展前提下所出現的必然技術；另一方面是消費者對於商品消費需求的變化，促成新技術的思考與出現。

創客的出現與火爆，顯然不是工業化大生產時代的產物，在我看來，更多的則是對於細分、垂直領域的一些思考、創新、探索，這也將是創客生存及發展的核心。在傳統的工業思維裡，「批量、成本、利潤」三者之間是一種正比關係，而無法被打破的原因則在於，傳統的工業化製造方式通常是基於模具與標準流水線的生產工藝方式。

也就是說，用傳統工業化製造方式進行小批量或是個性化產品製造的時候，其投入與產出將很難實現盈利，因此必然要藉由新的生產資料與生產方式，才能解決與滿足這一傳統生產製造模式的問題，這也正是3D列印被看好且被關注的一個核心要素。

3D列印對製造業所帶來的革命顯然是深遠的，也就是既滿足於私人訂製的生產方式，又滿足於低成本的快速製造方式，但4D列印所帶來的影響或許將更為徹底。

如果說 3D 列印的物體，如傢俱類產品在運輸過程中將占用較大的空間，並且為運輸與組裝帶來一些不便利的要素，那麼 4D 列印則會徹底解決此問題。我們只需要透過對列印的材料以及模型輸入變形記憶，例如：一個杯子，如果以水為觸發介質，那麼可以根據我們在杯子中所蓄水量的大小，自動進行變化、調整，我們就不必再因為杯大水少而不便飲用。

當然不侷限於這些產品，對於創客們而言，4D 列印解決的不僅是個性化生產製造的問題，同時讓創意插上了一對可以自變形、組裝的翅膀，而這對翅膀將在這個即將到來的人人創客、全民創意的時代中，讓創意實現，並讓創意帶有智慧，使得產品自身能夠發生更多的創意。

倫理篇

一根看似普通的線條輕輕放入水中，隨著時間的變化，奇跡發生了，線條慢慢推移、旋轉、改變，經過一系列的盤曲折疊，最終形成正四面體的形態，神奇的是，完全沒有外接設備參與這一切。在美國加州長灘市舉辦的娛樂和設計大會（TED）上，來自美國麻省理工學院的建築系講師斯凱拉·蒂比茨展示了夢幻的 4D 列印技術，當這些看似電影特技的自動變形橋段真切地展現在人們面前時，它毫無懸念地收穫了全世界的驚嘆與豔羨。

斯凱拉‧蒂比茨以其「第一人」的特有方式，掀開 4D 列印技術滿足人類乃至地球發展新需求話題的同時，也隨即在這個領域掀起關於智慧財產權及法律等各方面的話題。就如同依舊纏繞著 3D 列印的發展一樣，這些問題也將同樣讓走在 4D 列印技術研發道路上的各相關產業人士焦頭爛額。

8.1　法律風險與危機

目前，4D 列印還處於前期的概念領域，其相關的服務市場也還處於預起步階段，可以說，目前對於這個開放的超前沿領域還很少有人涉足，其中的商業氛圍自然也還沒有興盛起來，以至於尚未引起社會各界的廣泛關注。但是，作為一項新興且將改變遊戲規則的技術，其後續的潛在影響力勢必將是難以預料的。

就好比我們的個人電腦，也就短短十年左右的時間，已經從根本上動搖了我們的法律制度；而今天，以 ChatGPT 為代表的人工智慧，更是前所未有地衝擊著我們的社會。那麼，在不久的將來，已經被推出水面的 4D 列印技術，將遇到哪些新的法律挑戰，又有哪些新形式的消費者安全和犯罪活動呢？

曾經，製造假幣具有一定的技術難度，但是隨著電腦的發展，製造假幣的門檻已經大大地降低了。在 1995 年之前，只有不到 1/100 的假幣是使用電腦和雷射印表機製造出來的，而在短短五年後的 2000 年，就有將近一半的假幣是線上設計的，然後在高端彩色印表機上列印出來，電腦設計軟體、彩色雷射印表機和碳粉技術使得製造假幣日漸容易。假幣所帶來的經濟損害不言而喻，透過 4D 列印，則不僅可以輕易製造出假冒商品，甚至還可以列印出未經

國家允許製造的槍支彈藥等武器、甚至毒品，這給社會公民帶來的人身傷害風險將讓人不寒而慄。

2012 年，在一個名為「Thingiverse.com」的檔案共用網站上，所爆發的 3D 列印領域裡的第一次小規模道德衝突，將同樣會出現在 4D 列印出現後的相關領域。據了解，當時有使用者在這個網站上上傳了一個設計檔，透過這個設計方案可以使用消費類 3D 印表機，以塑膠作為原材料，製造出 3D 列印來福槍的部件。而來福槍的這個特殊部件，是槍支製造環節中唯一需要對使用者進行背景審查的，但是這個設計檔使人們無須獲得許可證就能擁有槍支，換句話說，透過 3D 列印技術製造槍的部件，就可以避開槍支管理法。

未來，在 4D 列印時代，從印表機裡出來的「半成品」，將在不同的介質條件下變化成怎麼樣的「成品」，可能連列印者也未必清楚地知道，就好比一支槍的外形，可能一開始看起來更像隻鞋子或者毛刷而已，這就進一步提升了相關部門對列印物的監管與把控的難度。

而且，透過 4D 列印技術的運用，還會大大降低槍支等物品的製造成本。據網友對所列印來福槍的性能做的總結反映，經過 3D 列印出來的塑膠槍部件非常強大，它能夠發射 200 發子彈。而完成這一切根本不需要特殊的設備，僅僅需要一台使用年限較長的 Stratasys 印表機，就可以列印出槍的部件，所使用的原料也只是普通的商業級樹脂，採購成本僅需 30 美元而已。

除了槍支器械之外，神奇的 3D、4D 印表機還可輕而易舉地列印出毒品、藥品等諸多原本難以想像的物品。傳統上，藥物的製作需要經過精密的研究和驗證，以確保其安全性和有效性，但隨著個人擁有 3D、4D 印表機的可能性，人們可以設計和生產自己的藥物，而無須受到傳統醫藥行業的嚴格監管。而缺乏專業知識和監管的藥物生產，則可能導致不良的藥效和副作用，對個體和社會的健康造成潛在風險。

4D 列印的濫用，還會讓人們能夠生產出更強力的化學品，包括危險的毒品和化學物質，這對監管部門構成了巨大的挑戰，因為傳統的監管手段可能無法有效監控個體生產的各種化合物，不僅增加了社會對藥物和化學品濫用的風險，還可能導致更多的不法行為。

在美國，關於藥物的「今日戰爭」已經不幸失敗，監獄裡充斥著非暴力犯罪，高額的稅收都用來花費在逮捕吸毒者上，而不是花費在更低成本和更有效的戒毒專案上。發達國家中，因過量服用處方藥致死的人數飆升，想像一下，如果人們藉由列印出來的反應器皿，製作一批自己喜歡、可改變情緒的化學物質，並肆意散播，那將是何其巨大的災難啊！

可以說，技術越強大，可能出現的濫用情況就越新奇和深遠，這將成為監管部門的噩夢，因此在應對這一問題時，監管部門需要制定更加靈活和創新的監管策略，以適應技術的迅猛發展，同時社會也需要關注和參與到監管的過程中，共同努力維護公共安全和健康。

8.2　智慧財產權迷途

3D 列印技術堪稱神奇，讓那些在傳統技術條件下需要複雜工藝才能完成的製作，現在只需要輕輕一按滑鼠，各種工藝品、玩具、服裝鞋帽、小提琴就會被列印出來。4D 列印則更讓人叫絕，它讓曾經只停留於科幻片中的變形金剛、神話片中的金箍棒都成為現實，而經印表機列印出來的物品，將隨意變形出你想要的任何東西。

可見，4D 列印對整個世界的未來所產生的影響將是巨大的，而這所有的影響當中，關於智慧財產權的保護方面，已然率先進入人們的視野，成為關注的焦點話題之一。

事實上，近年來隨著 3D 列印的快速發展，關於智慧財產權的糾紛已經此起彼伏。例如：①一家英國遊戲公司給某 3D 印表機商家發出了停業命令，原因是該商家列印出了該公司的流行桌面遊戲「戰錘」中人物的實體模型；②一位荷蘭設計者給 Thingivers 發送了下線通知，作為 3D 印表機設計編碼的線上資訊庫，Thingivers 可以讓任何人線上免費下載，並分享這位設計師的設計；③備受爭議的瑞典檔案共用網站—海盜灣（The Pirate Bay），一直是世界各地的訴訟目標，日前該網站更是對外宣布，要開始著手一項共用 3D 印刷設計新服務的消息；④美國有線電視網路媒體公司 HBO 發給費爾南多．索薩一封「停止和終止函」，要求他停止銷售由 3D 列印出來的模仿 HBO 劇集《權力的遊戲》中鐵王座的 iPhone 底座。

顯然的，3D 列印下智慧財產權法律保護會走向何方，還是一個極需思考和有待解決的問題，而隨即而來的 4D 列印在智慧財產權問題上，更像一隻迷途的羔羊，前路到底指向何方？

若延承 3D 列印在智慧財產權問題上的思考思路，我們將不寒而慄，因為透過 4D 列印製造出來的物品，將會根據時間維度及刺激物的變化，而隨時產生形態的變化。不妨假設，設計人員透過 4D 印表機列印了一枚戒指，但這只是半成品的一種表象，這枚戒指最終可能是一朵玫瑰花，也可能是一把槍，甚至還有可能是毒品，如此這般變化，在 4D 列印時代顯然不再只是夢想與假設。

　　那麼，如果沒有一個時間的節點設定，人們也就無從鑑定從印表機裡出來的這個東西，最終將成形為何物，自然也就無法評定其智慧財產權的歸屬問題，但是即使設定了判定的時間節點，對於 4D 列印來說，也是毫無意義的，因為大家完全可以在設計的過程中避開預設定的時間節點。

　　面對這樣的尷尬，我們是否可以大膽寬容地假設：「4D 列印，其實就好比小朋友玩積木，搭出來什麼東西就是什麼東西」。如果在這樣的情況下，又有誰能說自己搭出來的東西是專利，具有智慧財產權，而別人就不可以搭出同樣或者差不多的東西呢？其實，這時關於專利、智慧財產權的話題，將順勢轉移到積木上，而非積木的搭法。同樣的道理，關於 4D 列印的智慧財產權問題，是否也可以透過關注物的轉移，而打開一片新局面呢？值得我們拭目以待。

8.3　智慧財產權保護受挑戰

　　智慧財產權保護在科技快速迭代的時期，其重要性日益突顯，在當前大眾創業、萬眾創新的大背景下，只有完善的智慧財產權保護體系，才能給創新和經濟發展帶來持久的動力。在傳統生產製造技術條件下，包括基於工業 4.0 技術下的個性化訂製，儘管相較於傳統生產製造技術，其在個性化訂製的生產成本上有所下降，但與 4D 列印技術相較，使用者個人生產商品，或者說要實現訂製化的生產成本還是偏高。

　　這也就意謂著在 4D 列印技術條件下，生產成本將被極大降低，尤其是桌面級印表機的不斷成熟與普及，將在根本上妨礙或動搖了傳統生產製造者的利益。可以預見，在 4D 列印時代，很少有人會願意支付高額價格去購買知名商

品；相反的，消費者更願意花費低廉的成本購買原材料，藉由自家的 4D 印表機在家裡列印所需產品。由此可見，4D 列印對現有的智慧財產權的合理使用制度，以及監管、取證等制度，都提出了全新的挑戰，尤其是 4D 列印這種加入了時間維度後所引發的自變形、自組裝能力，其所引發的智慧財產權保護難度遠超過 3D 列印。

當前我們對於 3D 列印技術所引發的相關智慧財產權保護體系都還處於缺失狀態，相較於 4D 列印技術而言，3D 列印所面臨的智慧財產權保護相對簡單，更多的是側重於如何解決「仿製、複製」所帶來的侵權行為。然而，4D 列印技術是在 3D 列印基礎上進一步顛覆與變革，時間維度的加入，讓所列印的物品已經不是簡單的複製，而是融合了自變形、自組裝的可變因素，這對於傳統的智慧財產權保護顯然是一種挑戰。

當前所面臨的問題是，以現行的智慧財產權保護方面的法律來看，不論是對於 3D 列印或是 4D 列印領域都還處於空白階段，這不是單一國家所存在的問題，也是全球範圍內許多國家所面臨的共同挑戰。與此同時，4D 列印所面臨的問題就是隨著科技不斷進步，對於智慧財產權的保護，必然會提出不同的要求，目前主要存在以下三個維度的挑戰：

公共交易的產品形態

由於 4D 列印技術所列印的產品具有自變形、自組裝的能力，這就意謂著商品交易環節的產品智慧財產權保護難度加大。以家電產品為例，我們藉由 4D 列印技術所列印的商品是仿製某品牌，但在面對監管部門取證的時候，透過自變形、自組裝的能力，以另一種非侵權的形態出現。就冰箱而言，當我們仿製了 A 產品後，在展示或者取證過程中，藉由自變形、自組裝的能力，透過預先設定的可變模型，對冰箱的尺寸與形態進行變化，這在一定程度上，增加了智慧財產權保護的取證難度。

訂製交易的灰色邊緣

正如 3D 列印所衍生出的一些商業模式與服務一樣，4D 列印也同樣會衍生出一些專門為客戶提供服務的列印平台，只是這種平台所呈現的形式更加多元、多樣，或許是一種群募的模式，或許是幾個共同愛好的人群服務於某一個社區或者社群。而藉由 4D 列印的軟體合成技術，使用者可以在任意時刻、任意地點看到某一自己喜歡的產品，藉由手機、可穿戴裝置等直接對其拍照，並將照片傳送至所選擇的訂製平台。此時，提供 4D 列印服務的平台，就能根據使用者所傳輸的照片，藉由軟體進行合成，並為使用者列印好相應的產品，這種由訂製服務所衍生出來的服務，讓智慧財產權保護在一定程度上遊走於灰色的邊緣。

個人列印的版權挑戰

當桌面級的 4D 印表機走入到家庭的時候，尤其是對於一些小型化的產品，例如：鍋碗瓢盆、茶杯、居家裝飾品等，使用者完全可以根據自己的喜好在自己家中完成列印。當使用者在網路交易平台上瀏覽到自己鍾意的產品時，或者是看到一些感興趣的設計師的創意設計作品時，只要將相關的圖片下載到相應的 4D 列印軟體中進行三維合成，再傳輸到自家的 4D 印表機中，即可完成產品的製造。不僅如此，使用者還可以將多種不同的設計方案列印在同一個方案中，根據自身的需要，在不同時間對其進行驅動、變化，在這個過程中所發生的侵權活動，其取證難度可想而知。

目前由於法律更新與科技發展錯位所帶來的智慧財產權法律制度層面的漏洞問題，已經呈現在眼前，因此如何適應新技術發展要求，在新科技與創新之間找到一種平衡，儘快建立 4D 列印智慧財產權保護體系，是當前擺在產業人士與監管部門面前的共同課題。在我看來，應儘快探索並建立相關的法律

法規，以更好地促進產業的健康發展，儘量減少由新技術革命所帶來的負面衝擊。

8.4 著作權

智慧財產權是一個大的法律概念，它主要包括著作權、商標權、專利權等內容，其中不論是 4D 列印還是 3D 列印，都與著作權的關係最為密切。

著作權主要適用於具有創造性的作品，它賦予原始著作權人在一定期限內排他的權利（具體期限因國家不同而有不同的規定，但比較典型的是著作權人終生及其去世後 70 年），他人或其他公司要複製、修改、銷售、租賃、公開表演該作品，必須徵得著作權人的許可。

著作權的關鍵是藝術作品要具有表現力，而非使用性或實用性。律師兼 3D 列印專家邁克爾・溫伯格曾解釋稱：「『製作東西』本身是不能被授予著作權的，實用性的範圍更廣。舉例來說，衣服是有用的東西，你可以享有一件衣服版式的著作權，但你不能享有『剪裁』本身的著作權。」

業內專家預測，將來著作權爭議中最棘手的問題應該是演繹作品的著作權認定。根據著作權法，演繹作品是以另一作品為基礎創作的作品；翻譯是演繹作品，模仿流行歌曲也是演繹作品。如果你將現存作品的設計檔進行改編，使其成為一個新作品，那什麼情況下你是在創作演繹作品，什麼情況下你又是創作一個全新的作品（全新作品意謂著你是著作權人）呢？又或者什麼情況下你是在有意地巧取豪奪他人的創造性勞動成果呢？

實質上，從某種程度理解，4D 列印可以認為是一種「演繹作品」，甚至於複製，是對於「實用藝術作品」的複製。而著作權所要禁止的恰恰就是非法複製，尤其在 4D 列印所涉及的「產品的外形與結構」的版權保護問題上。中國現行著作權法對於產品的外形與結構的版權保護並不充分，那些少數具有美術價值的「產品外形與結構」可以作為美術作品獲得保護，而大多數普通的「產品外形與結構」很難獲得著作權法的保護；中國著作權法正面臨第三次修改，此次修訂借鑑了《伯恩公約》（Berne Convention）相關規定，增加了「實用藝術作品」的著作權保護規定，才正式將「產品的外形與結構」納入版權保護範圍。

在 4D 列印的過程中，如果所進行的「複製」行為未經作者授權，便可能被視為侵權，然而在判斷 4D 列印侵權問題時，還需要關注其列印的方式。目前所牽涉到的立體列印，不論是 4D 列印（即透過印表機出來的半成品在時間維度，依託於一定的介質變化成最終形象），還是直接列印成形的 3D 列印，主要透過以下三種方式進行：第一，從立體到立體，即透過電腦中的 3D 立體模型，列印出立體物品；第二，從文字到立體，即透過在電腦中輸入一段文字描述，如長方形、高 18 公分、寬 20 公分、顏色為紅色等，進而列印出半成品或對應的物品；第三，從平面到立體，即電腦中是一個平面圖形，透過列印程式，列印出立體圖形，並透過媒介變化成最終形象。

首先，「從立體到立體」的列印方式屬於典型的複製行為。從平面到平面或是從立體到立體，都屬於典型的著作權法意義上的複製，哪怕是縮印、擴印等改變比例的方式，都不影響複製的成立，因此這種未經作者許可方式所進行的複製，將可能構成侵權。

其次，「從文字到立體」的方法，一般不會認定為著作權法上的複製。著作權法保護的是「表達」，而文字與立體屬於兩種不同形式的表達方式，所

以不涉及彼此複製的問題。正因為如此，此種 4D 列印方式同 3D 列印一樣，一般都不涉及侵權問題。

最後，需要討論的是「從平面到立體」的 4D 列印是否屬於複製？中國著作權法對此問題避而未談，實踐中爭議頗大。在 2006 年的「復旦開圓案」中，被告在未經合法授權的情形下，將平面的生肖卡通形象轉換成立體的儲蓄罐，被法院認定為侵犯了原告的複製權，然而在「摩托羅拉著作權案」中，法院卻認定摩托羅拉公司按照印刷線路板設計圖生產印刷線路板的行為，是生產工業產品的行為，不屬於著作權法意義上的複製行為。顯然的，同為「平面到立體」的方式，法院在是否構成複製問題上的判斷卻完全不同，參考《伯恩公約》對於「複製」的規定，它包括「任何方式」、「任何形式」的複製，這種開放性的措辭顯然對著作權保護提出了較高的要求；更為重要的是，在 3D、4D 列印時代，此種複製方式必將氾濫，有必要在立法中明確此種複製方式，以便保護著作權人的合法權益。

8.5 商標權

如同著作權一樣，商標也被視作智慧財產權。人們通常用「品牌名稱」或「標誌」界定商標，其傳達的資訊是一種經註冊的標誌或商業外觀，以此向消費者表明該產品是由某一特定廠家生產或提供的。而商標的最初目的是為了保護消費者利益，在此之後，也成為一種行銷工具，辨識度極高的商標可能價值數十億美元。

在 4D 列印發展的過程中，很可能也會涉及到商標權的侵權問題，例如：使用者在使用商品的同時，可能會將商標一併列印下來，如使用者在列印 NIKE 鞋子時，列印出來的鞋子一般會帶有 NIKE 商標，如果這種列印未取得 NIKE 的授權，就極可能構成侵權。除此之外的其他列印方式，如單純列印商品本身，例如：只列印 NIKE 鞋子本身，卻未在鞋子上列印 NIKE 商標，一般不涉及商標權侵權，卻可能會造成其他智慧財產權的侵權。

4D 列印技術同樣為商標標誌的生產和製造打開了方便之門，儘管這是一種相對獨立的列印行為，但是即使列印者僅列印商標 NIKE，而未列印鞋子，這種列印同樣可能會造成商標權侵權，因為根據商標法的規定，未經商標權人授權，擅自製造和銷售商標標誌的行為，同樣屬於商標權侵權。

在 4D 列印的時候，使用者還可以根據自己的創意進行列印，像是下列的列印方式：只列印 NIKE 鞋子（沒有商標），卻同時列印上 PUMA 的商標，即鞋子是 NIKE 的，商標是 PUMA 的，這會侵權嗎？又會侵犯誰的商標權呢？首先，如果沒有得到 PUMA 商標的授權，擅自使用該商標，可能會構成對 PUMA 的侵權；那麼 NIKE 呢？這種列印方法會侵犯它的商標權嗎？商標法有「反向侵權」的規定，擅自更換了 NIKE 的商標，又將其商品投向市場，仍屬於商標權侵權。因此，如果列印者採用上述方式列印商品，又將其投放市場，其行為同樣侵犯了 NIKE 的商標權。

8.6 專利

「專利」一詞源於拉丁語的「patere」，意為「公開」。根據維基百科，專利是「政府授予發明人的有限財產權利，以此換取專利人與公眾分享其專利資訊。如同其他財產權利一樣，專利權可以被銷售、許可、抵押、委託、轉讓以及放棄」。

3D列印的核心技術本身「雷射燒結」就屬於一項專利，而在2014年1月，該項專利保護期屆滿，這也就讓3D列印專利進入公有領域，在很大程度上推動了3D列印事業的迅速推進、甚至騰飛。大量的3D印表機問世，製造業革命蓄勢待發，在這一過程中，關於專利侵權問題，無疑將引起人們更高度的關注。

根據中國專利法的規定，專利類型大致可分為三種：「發明」、「實用新型」和「外觀設計」。「發明」與「實用新型」專利關注於產品的內在結構及創新，而「外觀設計」專利則更多關注於產品外觀的外形及色彩。與原有的平面列印不同，不論是3D列印，還是進一步推陳出新的4D列印，既涉及到產品的外形，同樣也涉及到產品的內在結構，因此與三項專利權的關係都十分緊密，這無疑要求列印者在列印之前，就需要瞭解相關產品的專利保護情況，以防止侵犯他人專利。

隨著3D列印、4D列印的發展，還可能會促進過期專利的商業化利用。按照中國專利法規定，專利是有保護年限的，如發明專利保護期為20年，實用新型和外觀設計保護期為10年，超過了保護年限，專利將進入公有領域，人人皆可免費使用。其實，很多已經過期的專利，無論是外形還是結構都創意

十足，但礙於技術限制，難以實現，故而被閒置。而 3D 列印技術的發展，可能會重新喚起「過期專利」的生機與活力，美國的格里斯律師就在過期專利中發掘大量有趣和有用的設計，他還在網上開設了專門的板塊，供使用者下載過期專利設計 3D 設計圖，並自行列印，而這些同樣將在 4D 列印領域得到很好的運用。

8.7　合理使用

在討論 4D 列印與智慧財產權侵權問題時，還必須關注到「合理使用」的問題。那麼，什麼樣的行為叫「合理使用」呢？根據中國相關法律規定，「合理使用」是指根據著作權法的規定，以一定方式使用作品可以不經著作權人的同意，也不向其支付報酬。在智慧財產權制度中，對於那種僅僅為了個人使用而少量複製的行為，例如：為了個人學習、研究或欣賞，使用他人已經發表的作品；或在教室用作教學研究等，均會被認定為合理使用，不必徵得著作權人的許可，會被排除出侵權範圍。

如果使用者只是透過 4D 列印個人消費品，而並未進行商業性使用，其行為又是否構成侵權呢？根據現有智慧財產權法律規定，這種行為大都會被認定為合理使用，而不屬於侵權。

如果是這樣的話，我們可以設想到未來社會中很少有人會去花費高額價格去購買知名商品，恰恰相反，人們更願意花費低廉的成本購買原材料，在家裡列印所需產品。眾多消費者如此「合理使用」的結果，顯然是逼迫商家破產，無疑的，4D 列印對現有的合理使用制度也提出了挑戰。

在傳統技術條件下，使用者個人生產商品的成本較高，因此那種基於「研究、欣賞或個人使用」的目的生產產品的規模極為有限，它在根本上並不會妨礙經營者的利益，所以其行為被認定為合理使用並無問題，然而在 4D 列印條件下，生產成本被極大降低，這使得合理使用將從根本上妨礙或者動搖經營者利益。屆時，勢必還會涉及到「合理使用」條款的修改，一番公眾與專利權人的較量不可避免。

即使是現在，採用技術手段防止「合理使用」對經營者利益造成損害，已被提上議事日程。美國專利商標局（USPTO）日前推出了一個針對 3D 列印版權保護的「生產控制系統」，在該系統的管理下，任何與 3D 列印有關的設備在執行列印任務之前，都要將待列印的模型與系統資料庫中的資料進行比對，如果出現大比例的匹配，對應的 3D 列印任務就不能夠進行。無論是美國的《數位千禧年著作權法》，還是中國的《著作權法》，都支持透過技術保護措施來保護著作權，而那種破壞技術保護措施的行為都被視為違法行為。

8.8 消費者保護

隨著 4D 列印技術的成熟和風行，當越來越多的人透過 4D 列印來製作自己所需的物品的時候，在享受個性化、便利性的同時，一項項潛在的風險也隨即滋長與蔓延，這些風險已然超越了保障消費者安全的傳統法律法規的框架。在現有的法律機制下，首先，沒有人可以確保消費者不會買到傷害自己的產品；其次，一旦發生了傷害行為，當事人之間責任的歸屬問題也將無從認定。

根據中國侵權法，如果一方能夠證明，在合理使用情況下，它做出了合理的努力加以阻止，並將產品故障的風險降到最低，那麼該主體所承擔的責任就結束了。舉個簡單的例子，對於輪胎製造商來說，如果每次在時速超過120公里時，其生產的輪胎就會爆炸，那麼即使當時已屬非法超速行駛，它也將被追究責任，因為這樣的時速在日常生活中是很常見的，但如果輪胎的買主開車撞向路邊而發生爆胎的話，輪胎製造商將不承擔責任。

標準有助於設定明確的責任界限。在早期的蒸汽機時代，鍋爐常常爆炸，頻繁造成損傷，針對這一情況，保險公司透過制定清晰的生產標準，將責任進行了明確的劃分，最終建立了一系列標準，如材料的厚度標準、安全邊際和壓力釋放閥的標準，以確保過濾可以承受最低的蒸汽壓力要求，而不符合標準的鍋爐，將無法獲得保險賠償。

這樣權責分配清晰的法律機制，在4D列印時代同樣值得借鑑。相較於當下3D列印風行的狀況，難免出現下列的情況，例如：業餘汽車愛好者因購買使用3D列印的方向盤，而在高速行駛時發生方向盤脫離，導致車毀人亡，當辯護律師為該車禍致死的死難者家庭進行辯護時，卻迷茫於到底應該把錯誤歸結在哪裡，是做出錯誤設計檔的人？是負責3D列印並出售它的人？還是給這個零組件做廣告的網站？或者是把有問題的輪胎安裝到汽車上的製造商、3D印表機製造商、還是原材料供應商？

在沒有明確和標準界限責任的情況下，3D乃至4D列印產品的製造商沒有追索權，也就可以完全不負責任地去謀求利益最大化。這種情況也許大家並不陌生，就像我們曾經閱讀過的使用者授權合約，每次都是欣然同意之後，才能夠安裝新軟體的，因為大多數軟體在出售時，都會這樣聲明：「對任何特定用途的實用性不提供任何擔保」，同樣的情況，還發生在特別風火盛行的淘寶交易中，假貨氾濫的程度堪稱一絕。

相反的，當一切的行為都有清晰且規範的標準制度，來確定其責任的邊界的時候，那麼也許事情就會變得和諧許多。面對法律法規要求下的標準規範化，4D 印表機生產廠商會爭取給印表機進行認證；4D 列印的原材料生產商也會儘量滿足或超過最低材料的性能標準去進行生產與製作；而 4D 列印的原始檔案設計人員也會不斷地校準提升所設計數位模型的準確性。

8.9 地球呼吸低能耗

面對世界能源資源危機的步步逼近，而傳統製造帶來的破壞與浪費依然居高不下。在這樣背景下出現的 3D、4D 列印，頗有點「臨危受命」的感覺。

相較於傳統的製造方式，3D、4D 列印使用的材料幾乎沒有浪費，既節省成本，又帶來環境效益，還能夠實現產品生產本土化，減少運輸需求，使用者只需為「製圖」付費，並在當地列印出需要的產品，這樣便減少了長途運輸需求及溫室氣體排放。不可否認，基於 3D、4D 列印技術的產品製造，將在許多方面上減少物資的浪費和減輕碳排放。

首先，4D 列印表現更為突出，其只使用構成產品的材料，基本不需要任何多餘物料，這就最大限度地提高了製造過程中的原材料利用率。據 Stratasys 的工作人員演示，將電腦上的三維圖像資料發送至 3D 印表機，把電腦裡的三維圖像直接「列印」製作成實物，這就是 3D 印表機的功能。它與普通列印機工作原理基本相同，印表機內裝有液體或粉末等列印材料，與電腦連接後，透過電腦控制把列印材料一層層疊加起來，最終把電腦上的藍圖變成實物。整個生產製作過程有點像搭積木，材料逐層添加，直至最終成形。

據 Stratasys 大中華總經理汪祥艮介紹，現在他們生產的 3D 印表機主要應用於設計研發與快速製造，「因為 3D 列印適合於多品種、小批量與個性化訂製產品，很長一段時間 3D 印表機主要應用於設計研發，但隨著技術的成熟、成本的降低，越來越多的領域開始應用 3D 列印技術直接進行終端產品的製造」。

目前 Stratasys 為各行各業提供 3D 列印解決方案、優化傳統製造流程，客戶包括航空航太、汽車、醫療與牙科，到教育、日用消費品與消費類電子等領域。隨著可用於 3D 印表機的材料數量增加，直接使用 3D 列印技術進行快速製造的應用領域會更多。

美國密西根教授約書亞・皮爾斯曾發布的一份報告稱，3D 列印直接應用於製造領域不僅便宜、也更環保，他發現一個基本的 3D 列印機制作的專案，比用傳統工藝生產要減少 41% 到 64% 的能量，同時還可以節省原材料的使用，例如：有些模具用傳統工藝生產通常是實心的，而 3D 列印可以製造出部分甚至完全中空的模具。

其次，也是更為重要的，便是 4D 列印的本土化製造，將全面縮減產品的運輸量。自工業革命開始以來，人們越來越依賴於複雜的生產技術，而它們又離人群居住地較遠。自從 20 世紀 80 年代人類癡迷於全球化後，商品的生產地點與銷售地點可以相隔數十、甚至數百英里，現在人們可以購買到幾千英里以外的商品，這種情況非常普遍，以致現在商品銷售價值的相當一部分是花費在運輸上的。或許更多關注與經濟效益的經濟學家和企業會記人員，並不會將石油供應減少和氣候變化加入到他們的理論和帳目中，但是不可否認，這已經成為社會發展乃至地球環境的一個沉重包袱。

而隨著 3D、4D 列印的普及，人們將可以在本地製造很多東西，有時甚至可以直接在家裡生產和裝配，如此一來，由 3D、4D 列印設備支援的廣闊本

地業務，將有更大的能力滿足本地的客戶需求，而目前從海外進口大量商品的需求也將逐步消失，剩下唯一需要運輸的東西可能只有原材料了，而它們占用更少的運輸空間。

8.10 產品維修與材料回收

4D 列印在降低產品製造過程中原材料損耗的同時，還將大大提升所設計及製造產品的使用壽命。而產品的數位物件儲存和本土化製造，不僅可以最大限度地降低產品設計過程存在的問題，並且將大大提升產品修理的可能性與便利性。

4D 列印基於 3D 列印的設備基礎及數位物件儲存，對產品設計中出現問題的修正與完善，iPhone 充電座 Elevation Dock 便是一個典型案例。

Elevation Dock 是透過 Kickstarter 網站集資，進而發展成功的創意案例。當時一名印度設計師設計了一套完美的 iPhone 充電座，成功集資 140 萬美元，然後再一一交貨給贊助者，但殊不知貨交得太遲，竟造成了嚴重的問題，因為 iPhone 5 已經正式上市，而且是使用新款的 Lightning 閃電連接埠。「我前一天才收到 Elevation Dock，隔天就收到了新的 iPhone 5。真的很慘，因為這也表示，這台使用 30 針連接埠的充電座，有效期限只有一天。」倫敦軟體工程師和 Mike Hellers 說明了自己的慘況。

但是，作為 3D 印表機愛用者的 Mike Hellers，並不像其他訂戶那麼悲觀，反而將其視為一種挑戰。他打開網站上的 3D 模型設計軟體 Tinkercad，啟動自己的 MakerBot 3D 印表機，然後開始設計轉接頭，沒花多少時間，他便把

自己設計的轉接頭公布在 Thingiverse 網站上，然後在 Shapeways 上與其他沒有 3D 印表機的人交流，多達 12521 名網友經由下載，得以繼續使用原有的充電器。

Metafilter 的建立者 Matt Haughey 在 Thingiverse 上看到了轉接頭設計，認為也許還有改進空間，因此他和朋友 Michael Buffington 列印出一些 3D 模型，結果發現這款設計無法順利將電線放平，轉接頭因此容易脫落，後來他們進行改良，解決了上述問題，列印出新的設計並進行測試，再傳到 Thingiverse 網站上分享。Haughey 說：「只花了幾個小時的時間，就可以擷取兩種設計的最佳部分加以融合，創造出比之前更好的產品。」

3D 印表機的使用者在幾個小時內，便創造出解決方案，但 Elevation 實驗室卻花了超過一個月時間，才研究出官方解決方案。其實，在硬體製造產業中，只花五週的時間便扭轉局勢，已經算是相當不錯了，但相較於 3D 印表機的使用者而言，等待五週的時間實在是太久了。「任何牽涉到零元件的產業，都適合 3D 印表機的應用。」Haughey 堅定地認為，高清 3D 印表機將開啟全新產業，它還將在修理舊有產品的零組件方面發揮巨大的作用。

在過去半個世紀裡，發達國家一直在不斷地被迫更換產品，尤其對於老一輩人來說，可能要存很長時間的錢才能購買到一些生活用品。而現在許多人選擇貸款購買產品，如果在他們還沒還清欠款之前，商品就已經不能用了，那麼無論是從個人或者環境角度上來看，都是很難讓人接受的。但是零組件的停產導致缺失，卻還是讓產品維修由「可以」變成了「不可能」。

而且，目前的市面上充斥著大量功能相近的產品，主要原因之一是很少有產品使用可替換部件，這主要歸咎於產品設計不好，以及大多數製造商更希望我們購買新產品，而不是幫我們修復產品，所以即使產品有一流的維修服務，但對於公司來說，僅僅更換零件是不划算的。

如果本地 3D、4D 列印設備分布足夠廣泛，那麼將會改變產品修理現狀，因為大多數產品的零件都可以數位方式儲存，然後根據需要製造出來。即使有某個部位無法在網路上找到，有頭腦的人（或將來可能出現的維修店）也能夠重新設計出新的部分，或者掃描損壞的部分，在電腦上用數位方式修復它，然後再將它列印出來。正如傑‧雷諾最近在 Popular Mechanics 上指出的，當他需要為一輛有 100 年歷史的汽車購買零件時，只需要掃描一下，就可以透過 3D 列印或 4D 列印製造出零件。

這些在傳統製造模式下，堪稱超能力的行為，將在當下的 3D 列印時代和接下來的 4D 列印時代中，日益成為這個社會上很多人的本能。也正因為如此，當我們的手錶走不動了，當我們的手機摔壞了，當我們的筆記型電腦老得跑不動的時候，我們完全可以再列印一個新的部件給他們換上，再也不至於因為零組件的缺失，致使整個產品被無奈地拋棄。

不僅如此，當我們真的不想要某些物件時，還可以透過 4D 列印對其進行回爐，還原其原材料進行再造，從而儘可能地提高物料的使用效率。年輕的發明家泰勒‧麥克南希製造了 Filabot（細絲機器人），這是一台塑膠回收機，它能夠研磨各種類型的塑膠，如牛奶壺、水瓶、各種廢棄的塑膠或老式 3D 列印產品，使其成為新的可用於列印的塑膠細絲原料；由此可讓 3D 列印和接下來的 4D 列印，具有真正強大的可持續性。

未來篇（上）

美國大西洋理事會的《下一次浪潮：4D 列印—可設計的物質世界》研究報告中，對 4D 列印這一新的顛覆性技術進行了探討；可以說，這是科學界第一次正式對 4D 技術的問題提出探討與思考，並且將 4D 列印技術定義為「下一次浪潮」，這代表著人類社會更快走向更美好的明天的方向。

毋庸置疑，4D 列印將憑藉高能效、低成本、個性化等優勢特徵，來改造傳統製造業、重塑未來商業。而在這發展的過程中，科學界將率先著力於解決 4D 列印發展的設備、材料、軟體研發等方面的制約因素，以此推進 4D 列印技術的普及應用。

9.1　4D 列印的十大優勢

4D 列印技術的出現所引發的變革遠大於 3D 列印技術，對於商業業態的影響，以及其對製造業所帶來的變革將是深遠的。相對於製造業而言，4D 列印技術將帶來至少以下十大優勢。

優勢①：製造成本將大幅降低

在當前的現代製造技術，不論是德國的「工業 4.0」、美國的「工業網際網路」、還是中國的「中國製造 2025」，對於生產複雜或個性訂製的產品，不管是製造還是組裝，它的成本都是偏高的，並且這種成本還會隨著零組件的複雜程度同比例上漲。

但是，在 4D 列印技術支援下的產品製造，這個部件或這個產品本身結構的難易程度就變得不再重要，因為對整體產品不同部件所進行的一體化列印以及可變形自組裝，就將讓這個組裝成本在整體的一體化列印裡面化整為零，將可在最大程度上降低產品的生產製造成本。

優勢②：個性化訂製成本不變

在當前的製造技術與環境下，小批量訂製的成本還是處於較高水準，即使我們今天完全實現，並進入德國的「工業 4.0」或「中國製造 2025」的技術，還是沒有辦法解決小批量的成本高位問題。

但隨著 4D 列印技術的介入，私人訂製的成本跟傳統的批量化製造是劃等號的，甚至更加低廉，因為在傳統製造中被認為是很複雜的結構工藝，到了 4D 列印的面前，都將變得非常簡單化，尤其是 4D 列印的成本不會受部件的複雜程度而波動，也不會受組裝的人工成本所影響。

 ## 優勢③：人工組裝成本被取代

4D 列印的產品和 3D 列印之間，有一個非常關鍵的差異就在於 3D 列印的一些零組件，我們需要對它進行二次組裝，才能成為一個終端的產品，而 4D 列印的產品是不需要廠家或使用者自行組裝的，廠家只需要根據使用者的需求，將所設計的產品列印出來，並且將產品運送到使用者指定的位置就可以了。

使用者根據自己的需要，在需要的時候直接給予觸發介質，列印的物品就會實現自動組裝，這就取代了當前依賴於人力進行組裝搭建或拆解的方式，人力成本也將會由 4D 列印技術所帶來的一種生產方式的改變，而得到最大程度的釋放。

優勢④：零庫存的生產方式

對於生產製造企業來說，所有的庫存都是資產，但是這種資產會隨著市場的變化而波動，通常除了酒類等特殊的產品外，時間越久的商品價值越低。

對於當前的商業形式來說，庫存也是企業資金成本的核心部分，一旦銷售量減少，就直接導致資金周轉率降低，進而就影響了企業的利潤。

透過 4D 列印進行的生產製造，將有效緩解這個問題，廠家根據使用者的想法，隨時提供產品設計，然後列印製造這些服務，就可以做到即買即造，即造即銷，真正取代了傳統的庫存銷售方式。

◆ 優勢⑤：創意空間被放大

對於很多設計師來說，最痛苦的事情，莫過於創意很豐滿，現實的製造卻很骨感。滿滿的創意，受到傳統加工製造技術的各種制約，通常那個看起來很像藝術品的設計，最後出來的時候通常都被改得面目全非。

4D 列印技術可以毫不誇張地說，凡是設計師能夠描繪出來、符合物理原理的創意構想，都能不折不扣的實現出來，真正做到讓創意設計的價值獲得充分綻放，所以對於 4D 列印技術來說，創意想法在技術層面的難易程度是一樣的。

◆ 優勢⑥：製造的專業性被降低

當前的製造不論是簡單或複雜，都在一定的程度上對生產者提出了專業和熟練的要求，尤其是一些專業性要求高的製造領域，它對於工人的專業技能和熟練程度更是提出了相當高的要求。

為什麼中國很多製造的產品，尤其在高端裝備方面，總是跟歐美的一些工藝有差距，因為我們生產者的技能水準和他們有差距。而技術的培養也是需要經過多年的訓練和沉澱的，要培養一個技術人才，不僅要花費巨大的投

資，還要承擔人才流失的風險。而 4D 列印技術的應用，就大大降低了我們對於複雜製造部件的專業技能要求，它可以幫助我們承擔那些高難度工藝的製作，這樣就能有效降低製造的專業門檻和人才流失的風險。

優勢⑦：製造環節被有效減化

如今的產品通常都是由多個零組件組裝而成，不同零組件需要不同的設備來配套製造，對廠家來說，這不僅需要占據較大的場地空間，構建設備投入的資金也是一筆很大的成本。

而 4D 列印技術就完全不同了，它只需要一台印表機，然後根據不同的材料，以及使用者所設定的不同部件的形態，直接列印不同的部件或整體的產品就可以了。尤其對於整體產品來說，只要將各種組裝變形的模型設定在列印的初始模型裡面，再複雜的組裝方式都能夠自我驅動，並完成組裝。

優勢⑧：不良率將成為過去式

傳統製造企業對於不良產品率的控制，是決定著企業經濟效益的關鍵指標。在 4D 列印時代，「不良率」這個名詞在生產製造過程中，或許將會走向歷史的終結，決定產品是否能夠滿足使用者需求的關鍵，將被轉移到設計端。

從理論層面來說，只要印表機列印材料以及設計的模型不存在問題，所列印出來的產品就不會存在問題。未來決定產品是否合格的關鍵要素，將不再是製造環節，而是由設計師決定的設計環節，所以 4D 列印時代產品的好壞不是製造出來的，而是設計出來的。

優勢⑨：材料無限組合

　　對於當今的製造技術而言，將不同原材料結合成單一產品是件難事，因為傳統的製造機器在切割或模具成形過程中，不能輕易地將多種原材料融合在一起。儘管多種材料的混合注塑在一些領域已經被應用，但其成本與不良率都相對較高。而 4D 列印技術的出現則不同，可以將多種不同材料透過同一台設備進行混合列印，不論是塑膠、金屬或是其他的合成材料，這也就意謂著在不久的將來，一台完整的可變形汽車將可以列印的方式生產製造。

優勢⑩：批量一致性堪稱完美

　　儘管現代製造技術藉由模具，在一定程度上保障了產品生產的一致性，但還是會存在著各式各樣的差異，其一致精準性很難獲得百分百的保障，而這在 4D 列印技術時代將獲得徹底解決，對於 4D 列印而言，批量生產就如同複製數位檔般簡單，而其一致性也將如數位複製般一致。不論是大批量或是小批量，4D 列印技術都能有效保障其一致性。

　　這些優勢並不是科幻，3D 列印技術已經實現了上述的部分功能，而隨著4D 列印技術的不斷成熟，將帶領我們進入新的工業時代，我們的製造方式及生活方式都將被列印重新改寫。

9.2　4D 列印的三大制約因素

3D 列印發展至今，看似一片美好的前景背後，卻多少還是給人有那麼一點孤帆自賞的調調。一台列印設備如何能在物聯網體系中有效發揮互通互聯的媒介平台作用；而本身又在設備升級方面存在一定的侷限性，如列印速度、列印效果穩定性等，這也致使 3D 列印沒有在很大程度上獲得較好的 VC（Venture Capital）青睞。

無獨有偶，承繼 3D 列印而來的 4D 列印，雖然剛邁上蹣跚學步之路，卻已面臨著一系列客觀的發展瓶頸問題，如設備、材料、技術等。而如何克服掣肘，讓 4D 列印在突破發展中實現蛻變，不僅是尖端前沿科技者的思考，更是新興科技創業者實踐的機遇所在。

目前，制約 4D 列印技術發展最為關鍵的瓶頸大致有以下三方面：

設備制約：4D 列印技術普及的突圍點

在 3D 列印的世界裡，當我們需要列印大型工程專案時，必須使用大型機器，才能製造出所需要的大型材料，例如：建築、管道等物品的列印，都對印表機提出了較高的要求，包括體積、精確度、可靠性等，這也讓 3D 列印技術的推廣與普及遇到了現實的屏障。

面對 3D 列印（圖 9-1）的前車之鑑，4D 列印走出了另外一條道路，那就是依賴智慧材料，讓列印物在列印完成之後具有自變形的能力，這在很大程度上緩解了印表機對技術發展的掣肘問題。但是，「智慧列印」就意謂著對列

印裝置提出更高的技術要求，而由此導致設備價格高昂的問題將在所難免，這也將在一定程度上致使 4D 列印要經歷一段漫長的「有錢人玩物」的命運，才能走向技術普及與發展。

圖 9-1　大型 3D 印表機

對於小型 4D 印表機，也就是家用級的印表機來說，除了設備價格之外，列印精度、操作專業性等方面的問題，還處於待完善發展的階段，這些在一定時期內仍制約著 4D 列印快速發展的要素，卻也為有志於在 4D 列印領域創業的人士留出了一片未開墾的處女地。如何透過有效的設備打造，集中力量針對專業市場精準切入，決定了創業者的成功機率。

智慧材料：4D 列印的開路先鋒

除了設備本身的制約之外，4D 列印所面臨的比 3D 列印更為嚴峻的問題，便是對特殊性列印材料的需求，因為相較於 3D 列印而言，4D 列印對所需材料的要求更高。

首先，4D 列印所需要的並非一般的普通材料，而是帶有記憶功能的智慧材料（圖 9-2），是一種能感知外部刺激，並能夠透過判斷進行自我變形、組裝的新型功能材料。

圖9-2　記憶智慧材料

其次，該材料不僅具備3D列印材料的那種可列印性，還要具有感測功能、回饋功能、資訊識別與積累功能、反應功能、自我變形能力、自我組裝能力、自我診斷能力、自我修復能力和超強適應能力，以及快速反應的變形、組裝能力。

可以預見，未來隨著科技的進步和技術的發展，我們勢必能在未來的某一天，藉由光、聲、熱、水、氣、溫等任意觸發介質，實現對材料自我變形的觸發。也就是說，4D列印在走向成功的漫漫長路上，面臨著無限挑戰的同時，也面臨著無限的可能與機會，就如對每一項特殊材料的試用和測驗，都存在著失敗的風險和成功的機率一樣，對4D列印材料選擇和應用的關注與投入，將成為創業者們重要的方向和道路選擇。

軟體研發：助推4D列印前行

4D列印之所以能夠透過介質觸發，從而在特定的時間下進行自我變形、自我組裝，除了材料本身與列印技術之外，另一個關鍵要素就是軟體的設計，也就是透過對列印材料的設計，將變形要素直接設計在列印材料中。簡單卻

並不十分精準的理解，也可以說，3D 是設計產品，4D 是將印表機設計在模型中（圖 9-3），因此設計軟體對於 4D 列印至關重要，是目前需要突破的一個環節，也就是如何去專業化地讓使用者能傻瓜式操作、應用，是 4D 列印普及不可或缺的一個要素。

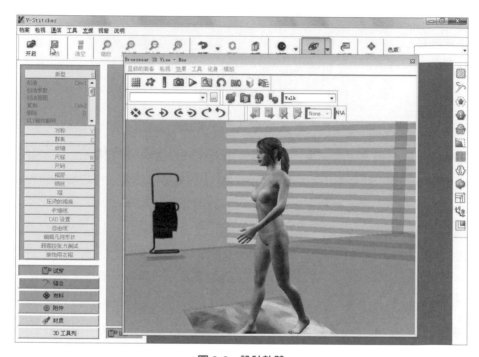

圖 9-3　設計軟體

隨著資本、人才的聚集，就如同曾經助推 3D 列印浪潮般一樣，制約著 4D 發展的這些問題，將很快獲得解決，而這也必然帶動新一輪的 4D 列印設備製造機會以及應用軟體的開發機會，更重要的是促進與帶動了新型材料的發展。尤其是人工智慧技術的突破，將在最大程度上推動 4D 列印軟體實現簡單化、智慧化。

9.3　4D 列印的六大趨勢

　　4D 列印是在 3D 列印的基礎上，增加了一個可自變的維度，不僅為工業、甚至是為人類社會的發展，帶來深刻的變化與影響。當這種曾經存在於科幻世界的技術走進我們的生活並成為現實時，必然會影響與改變當前的商業形態，並將引發新的發展趨勢。

⬡ 趨勢①：4D 列印將變革工業

　　不論是工業 4.0 或是 3D 列印，所能解決的只是將產品由過去的批量化向訂製化轉移，而無法解決產品自組裝、自變化的環節。儘管 3D 列印技術的出現，對於幫助解決一些複雜結構的設計，有了更為直接的說明，包括讓一些結構部件變得更輕盈、更結實，但無法實現應對於外力環境變化，而自我驅動變化。

　　儘管目前 3D 列印技術在航空航太、建築等行業有了應用，但難以滿足不同環境的變化，例如：運用 4D 列印技術的飛機，在面臨特定環境變化時，就能自我分解，以最為理想的狀態為乘客提供保護；而在航太方面也是如此，我們不需要帶著組裝好的龐大設備進入太空，而只需要帶著材料與 4D 印表機，或是列印好的材料進入太空即可，在特定的介質觸發下，太空站、太空服或其他的操作設備將會自動為我們組裝而成。對於日常工業領域而言，4D 列印技術將會徹底改變當前製造與商業的業態形式。

趨勢②：4D 列印攻克癌症

藉由 3D 列印技術進行一些器官、肢體列印，並與患者有效匹配，已經在醫學領域被證實應用的可行性。對於一些相對骨質的肢體，應用 3D 列印技術更是不在話下。而目前對於一些軟組織器官，3D 列印技術也在不斷嘗試中，但這些與 4D 列印技術相較，都顯得不夠神奇。

透過 4D 列印技術，最具顛覆性的並不是對於器官、肢體的列印，而是細胞的列印，透過列印這些奈米級與人體細胞類似的藥物細胞，透過注射進入人體，並設定觸發源為癌細胞病毒，當這些 4D 列印細胞在人體內巡邏時，遇到這些癌細胞，就能對其點對點的釋放藥物，並將其消滅。而人類要想戰勝癌症，或許將會寄希望於 4D 列印技術之上。

而對於人類所接觸的一些未知病毒，同樣可以藉由 4D 列印技術，以疫苗的形式注射進人體，並不會對人體造成傷害。

趨勢③：私人工廠將普及

在 3D 列印技術以前，私人個性化訂製幾乎不太可能，我們所有的消費只能基於工業批量化生產來進行。而對於製造商而言，他們需要透過對不同零組件及其供應鏈的整合，並透過大規模的工業化、標準化、自動化生產來降低成本、提升企業效益，因此很難滿足個性化需求。

但到了 3D 列印時代，滿足個性化的需求將不再困難，甚至是根據使用者的喜好進行私人訂製也不成問題，但 4D 列印則不同，其所改變的不僅是私人訂製的問題，更是讓每個使用者都可以自己定義工廠。也就是說，未來我們要選購一個冰箱，我們不再是購買一台龐大的冰箱回家，而是購買核心的關鍵

4D 列印無限進化

部件之後，或是連關鍵部件都自己定義到 4D 印表機上進行列印，而後透過不同種材料的列印與連接，在我們需要的時候，這些材料將自動為我們組裝成一台冰箱。

這與私人訂製存在著很大的區別，我們不僅可以表達自己的想法，構建自己的生活，更進一步的是我們可以藉由 4D 列印技術，在家裡定義屬於自己的創新工廠。更為神奇的是，當我們冷凍的空間需求增大，而保鮮的空間閒置時，冰箱將自動為我們觸發組裝，並自我調整空間大小，以適應我們的需求。

趨勢④：創新速度將被進一步驅動

傳統工業製造所面臨的一個問題，就是從產品立項到開發、上市銷售，通常需要經歷一個漫長的週期，至少 6 至 24 個月，因為這中間牽涉到批量製造的穩定性，以及模具的製造與壽命等，這些問題制約了產品創新的時間週期。

但 4D 列印技術的出現，不僅我們的想法將被快速列印，而且我們可以將多種可能的修正要素列印在設備中，當其成形為事物之後，我們可以根據自己的想法驅動它，就像自我變形、完善、修正，這對於追求創新、個性、差異化的人群而言，無疑是一件富有意義的事情。

而這些個人想法的快速實現，將進一步縮短創新的時間線，對於傳統的工業化企業而言也將如此。或許在不久的將來，傳統工廠所出售的不再是產品，而是其多年沉澱的技術與服務，使用者透過購買其技術經驗與製造經驗，以協助其根據自己的想法創新產品。

趨勢⑤：新的商業模式將出現

隨著4D列印技術的到來、成熟與普及，未來我們或許不再以整體物件的形式銷售，一些關鍵零組件都將以配件的方式存在於這種超市中，使用者可以根據自己的想法購買相應的關鍵部件，而後將其與所列印的部件進行連接，就能實現我們的創意。

此時所帶來的商業模式將會發現很大的改變，一方面是當前以銷售整體產品為主的超市，未來或許將以提供4D訂製列印服務與技術支援服務為主，不再以實際整體產品的銷售形式存在；另一方面則是一些從事於創意工作的人群，將透過為消費者提供創意設計，並為其提供4D列印服務而獲得商業價值；其次，還會催生出以零組件供應為主的各種小型連鎖超市。

4D列印技術的出現，不僅帶來新的商業模式，對於宜家（IKEA）這種以創意設計銷售為主，讓使用者自組裝的產品而言，4D列印將徹底改變其商業模式，因為4D列印出來的產品不再需要組裝。

 趨勢⑥：智慧財產權困擾將放大

4D列印目前和3D列印面臨著同樣一個爭議，就是複製擁有版權的產品設計，其智慧財產權的困擾將增大。當使用者看到一些鍾意的創意設計時，隨手一拍，回家將照片透過軟體自動生成三維模型後，將模型輸入到4D印表機上進行列印，此時智慧財產權的原創保護似乎更為困難，尤其4D列印的產品還能自我組裝變化，而更增加了取證的難度，「智慧財產權保護」或許是新技術時代面臨的一個新課題。

未來篇（下）

4D 列印的成熟與普及，將不僅帶來人類製造技術的創新，還將締造未來社會生態的變革，那將真正是一個讓夢想走進現實的過程，全民的創意與創造能力將得到全面的激發，包括在孩童的教育成長領域，更將呈現腦洞大開的全新景象。

暢想吧！未來。暢想吧！4D 列印。它的到來，將讓未來世界超乎人類想像。

10.1　4D 列印製造的明日世界

人類世界的明天，將因 4D 列印的發展而變得與眾不同，這些變化將遍及我們日常生活的每時每刻、分分秒秒，更將滲透於我們生產製造的工業、農業、商業等各個領域。

當清晨的第一縷陽光照射在臥室的落地玻璃上，音樂窗簾將緩緩啟動。隨著輕柔的歌聲，人體內的小細胞一個一個地伸起了懶腰—我醒了。

張張嘴，打個哈欠，兩排整齊的牙齒在接觸空氣的瞬間，完成沉積污垢的脫落，讓口氣頓時清新了起來；從床上下來後，一身飄逸的性感睡衣在心跳、脈搏的觸發下，轉變成應景的漂亮套裝，讓你頓時感覺舒暢無比。

緩步至客廳，智慧型機器人已將 4D 列印的精緻早餐擺放好，這可是量身訂製的天然健康無添加食品，而且還將在我們的體內儲備一天的能量食品，由人體健康衛士對其進行掌控釋放。

精力充沛的我們登上由智慧型機器人變身的漂浮小飛船，瞬間將腦波思維接入團隊的腦圖工作間，智慧的碰撞將在這裡激發靈感、創造奇跡。在思維碰撞的過程中，隨著腦圖資料的輸出，創意的模型也將同步在 4D 印表機端轉化為實物，並且隨著思維思路的變化，列印物也將隨之異動，沒有任何的重複與浪費。

雖然思維是一個累人的活，不過體內的健康衛士可不會再讓我們過勞死，在疲勞值達到一定的資料界限之前，它便會自發啟動瞌睡蟲，讓你清楚地知道馬上要進入打盹狀態了，瞬間補血，恢復能量。

告別一天的工作之後，生活娛樂不可少。商場裡，4D 列印的現代化設備遍及我們生活的時時處處，更有個性化的小型 4D 印表機在銷售，讓一切的生產和製造都將成為自發自覺的私人訂製。

隨著夜幕降臨，華麗的職業服轉化成了居家休閒服，慵懶地躺在沙發上的我們戴著腦圖耳機，對思維系統裡的東西進行歸檔梳理，以便即時調取，同時還將導入更多的新知識、新資訊，不斷充實豐富自己。

在 4D 列印的世界裡，我們的明天將不再是另一個今天，每一天都不再相同，並且不斷地集聚全世界人類的智慧，對自我實行迭代更新與升級。於此同時，我們的工業製造、醫療診斷等領域，也將因 4D 列印技術的發展，而變得與眾不同。

10.2　4D 列印激發人類創造力

3D 列印的到來，讓創客、設計師或是有創意想法的人表達與實現自己的想法，並讓其商業化價值有了實現的可能，全民創客或許要藉由 3D 列印技術的發展才得以實現，這是在 4D 技術還未到來之前的一種相對共識的認知。

很多專家認為桌面級 3D 印表機的出現，將對實體製造業或其產業鏈造成衝擊，尤其對於家庭居家用品方面，這些觀點的前提通常是基於 3D 列印技術的便捷性，以及能快速實現使用者想法的技術原理上，但 4D 列印技術的出現，顛覆的不僅僅是製造業或其產業鏈，而是更深層次的激發人類潛在的創造力。

由於 4D 列印的四維度超過了我們常規的三維度認知，這也就意謂著 4D 列印技術本身就是一種創造性技術，與 3D 列印技術不同的關鍵點在於，其會受外在介質的觸發而產生自變形、組裝，而這將有效激發人類的創造力，並且將帶來以下幾方面的改變。

🔷 解放雙手

這可以從兩個層面進行理解，一是當前大部分的設計師、創客，其創造的靈感通常是透過自身手工的方式進行創作，而這種方式所帶來的困擾是這種手工創作本身帶有侷限性。也就是說，這些手工創作的大師需要經過很多年的磨練、沉澱，甚至是一項技術都可能需要多年的沉澱。就算是手工製造技術沉澱到非常高深的層次，要想製造出多個相同的產品也幾乎不太可能，這就侷限了一些設計師的創作。

或許有人認為這種稀缺性可造就其珍貴性，但對於這些具有藝術美感，並能與商業產品進行結合的大師們來說，過多的時間花費在一些基礎的製造技藝上，對於其創造性價值的發揮將帶來很大的侷限。如果藉由 4D 列印技術，不僅給這些設計師們帶來更大的創作空間，而且可以透過 4D 列印技術進行模型的列印，並結合手工藝大師的打造，或許是個不錯的選擇。

二是很難進行二次複製，而藉由 4D 列印技術以及三維掃描技術的融合，一方面可以在創作前期融合 4D 列印技術實現複製；另一方面則是可以對於那些依靠手工技術創作出來的產品，可以藉由 4D 列印技術進行可複製的製作。

讓夢想走進現實

暫且不談 4D 列印技術，至少在 3D 列印技術之前，個人要想將自己腦海中的想法在物理世界中表達出現，並且成為可使用的商品，可以說比較困難。或許我們可以透過傳統的車、銑、刨、磨，以及加工中心等加工工藝進行，也可以藉由加工中心進行三維實體的加工，但對於一些複雜的部件還是難以實現。

但是 4D 列印技術的到來，不僅解決了任意結構、形狀成形的問題，而且對於一些需要透過組裝搭建的產品而言，藉由 4D 列印技術解決的，不僅僅是產品自我組裝而節省了人工的問題，其解決的是一個更為關鍵的問題，也就是「運輸與收納」的問題。例如：一張桌子在傳統技術情況下，通常解決的方式無非兩種，一種是將桌子拆解成小單元部件，並將其運輸到指定地點後進行人工組裝；另一種則是由銷售方直接組裝好，並將其運輸到指定地點，但其弊端是在運輸過程中占據了龐大的空間。而這對於 4D 列印技術而言則不存在，我們可以疊加板塊的形式進行列印，待運輸到指定地點後，透過介質觸發，讓其實現自我組裝成形。

藉由 4D 列印技術，很多人心目中的變形金剛、神筆馬良、金箍棒等都不再是故事，不論是設計師、創客或大眾人群，只要我們有創意的想法，4D 列印就能讓我們的夢想成為現實。

不僅如此，隨著 4D 列印技術的成熟與普及，將進一步激發全民的創意與創造能力，包括在小孩成長時期教育領域的應用，將會腦洞大開。或許未來我們只需要一本書，在不同的課堂就自我變化為相應的課本，人類的創造力將會隨著 4D 列印技術的應用而受到影響，其潛能也將被不斷激發。

3D列印、4D列印的先行者，它的出現為工業生產和經濟組織模式帶來顛覆性的改變，讓我們深刻感受到第四次工業革命已經為期不遠了。

暢想明天，4D列印技術所具有的顛覆性創造力，是一種有智慧、有適應性的創新能力，它將徹底改變傳統製造業的造物方式。隨著4D列印產業鏈初步成形，以及該系列技術在公共設施等領域得到初步規模化使用的時候，第四次工業革命將宣告正式到來。

而作為一場全新的工業革命，第四次工業革命在前面三次工業革命的基礎上，將邁出全新的步伐，那就是利用包括4D列印技術在內的「智慧製造」技術，大幅提高資源生產率，而且從歷史發展的視角觀察，從工業化的角度考慮，我們將清楚認識到中國將趕上第四次工業革命的黎明期、發動期。

第一次工業革命：勞力和技術的原始儲備

充足的勞動力、豐富的技術經驗、充足的資金來源、諾大的市場空間，共同構成了第一次工業革命的標配。於此同時，一場舉世聞名、轟轟烈烈的圈地運動助燃了爆發於英國的第一次工業革命。

當大量喪失土地的農民失去了收入的來源，失去了生存的基礎，於是他們被迫湧入城市去尋找他們僅剩的一點點生的希望，也因此成為了城市新型工業領域勞動力的重要來源。在生死線上掙扎生存的底層勞動力，英國社會的中下層商人、手工業者和職人，他們無不擁有著清教徒式的刻苦奮鬥和創業

精神，其中多數人兼有另一個身分—技工，其擁有豐富的技術經驗，這也讓第一次工業革命的技術發展成為了一種可能。據相關歷史資料證實，第一次工業革命中涉及的紡織工業、採礦工業、冶金工業和運輸業等領域的種種發明，極少部分出自科學家，反而大多數是由技工完成的。

於此同時，英國資本家在工業革命之前，已經透過海盜搶劫、商業戰爭、殖民掠奪、販賣黑奴等手段積攢了大筆資金，這也讓資本家有意願、更有能力對能夠提高生產效率、提升利潤水準的發明給予資金支持和投入。而且，英國還是當時世界上最強大的殖民國家，海外市場不斷擴張，龐大的市場需求量，僅憑手工生產仍然無法滿足，以追逐利潤為目的的資本家們，勢必想盡辦法尋求各種辦法提高效率來增加產量，自此以蒸汽機為代表的工業革命就呼之欲出了，瓦特改良的蒸汽機也由此將人類社會帶入了「蒸汽時代」。

🔶 第二次工業革命：科學正式取代經驗

1870 年以後，科學技術的發展突飛猛進，各種新技術、新發明層出不窮，並被迅速應用於工業生產，大大促進了經濟的發展，進而引發了第二次工業革命。

美國是第二次工業革命的締造國，並且經過第二次工業革命取得了領先於世界的成果，這跟它所擁有的條件不無關係，例如：巨大的原料寶庫、來自歐洲充分的資本供應、廉價移民勞動力的不斷流入、規模巨大的國內市場、迅速增長的人口，以及不斷提高的生活標準。而且，第二次工業革命所宣導的標準化製造、流水線生產等兩種重要方法，也是在美國發展起來的，即製造標準、可互換的零件，以最少量的手工勞動，把這些零件以流水線的方式快速裝配成完整的單位產品。

第二次工業革命與第一次工業革命最大的區別在於，不是電氣和機器，而是「科學」取代「經驗」。「科學製造」可以滿足人類認知、社交等更高層次的需求，人類也從科學製造之中嘗到了甜頭，開始重視科學的發展，由此推動科學開始以加速度向前發展。

第三次工業革命：電腦＋網際網路

第三次工業革命興起的標誌是原子能技術、航太技術、電子電腦的應用，此外還包括人工合成材料、分子生物學和遺傳工程等高新技術的發展。具有技術、物質、制度、文化等優勢條件的美國，成為了第三次工業革命的領頭主導者。

技術條件

在思維技術方面，美國的實用主義哲學開始形成；實驗技術以軍民結合、理工結合為特色；生產方面，電力技術和航空技術領先。

物質條件

美國有優越的自然資源，國內市場巨大，有利於規模生產；兩次世界大戰時，美國本土都遠離戰場，沒有受到任何戰爭損失，同時又透過軍火等生意，賺取了各個交戰國的大筆錢財。

制度條件

美國是第一個資產階級民主憲政國家，允許科學家的自主創造，政治干預力度小，科學家的自由度較高，導致各種更強的發明誕生。

文化條件

美國人來自世界各地，融合了各民族的文化傳統；二戰中又利用戰爭爭奪到一批優秀的歐洲科學家，如愛因斯坦、馮・諾伊曼等，帶動了本國人才的培養，同時建立了各種學會組織，科研體制多元化。

緊隨美國的腳步，中國在第三次工業革命期間邁出了改革開放的堅實步伐，積極引進、吸收世界行進科學技術、管理方法，快速追趕著世界科技革命的腳步，推動現代化建設進程。

第三次工業革命最大的創舉是「電腦和網際網路」。以往，不管是機器還是電氣，始終脫離不了人的操控，其執行操作必然存在著空間和時間的限制，但電腦和網際網路的發明，讓製造過程的自動化、智慧化成為可能，製造業終於有望擺脫空間和時間的限制。

第四次工業革命：4D 引領智慧製造

依靠於電腦、網際網路為代表的「網路製造」，為真正意義上的 3D 列印「個性化製造」和 4D 列印「智慧製造」拉開了序幕，讓其成為可能。

在當前世界人口和中產階層規模都迅速擴張的情況下，4D 列印長遠發展的潛力之一在於，透過利用更少的資源提供更豐富的產品和服務，從而推動社會形成一個真正意義上的可持續發展的世界，這也讓 4D 列印技術被專業人士稱為「綠色工業革命」的核心，真正意義上的「綠色增材製造」社會。

眾所周知，傳統製造業製造物品往往是做「減法」，就是把一些材料透過截斷、裁剪、打磨等方法來獲得製成品，製造過程中免不了浪費原材料，還會帶來一定程度的污染。然而，藉由 3D、4D 列印技術的製造，做的是「加

法」，將粉末等細碎材料逐層堆積，形成最終產品，而且在 4D 列印技術的支援下，物體的自變形功能對於未來社會的需求滿足，又是很大的貢獻。

　　試想一下，如果物體能夠根據個人指令或預設程式進行變形或改變其屬性，那麼這個世界將從中獲得多大的收益。例如：機翼可根據氣流變化自動變形、傢俱甚至建築可針對不同功能自行組合拆解等，如此地球有限的資源就可以更好地得到保留，物體也能夠被更充分循環利用，透過指令可以將物體分解為可程式設計顆粒或零組件，從而可再次構成新物體或擁有新功能。

10.4 工業設計師新出路

　　「設計」對於一個國家經濟轉型升級的發展發揮了關鍵的作用，而「工業設計」對於促進當前中國製造業升級有著不可忽視的推動作用。隨著近幾年全球經濟放緩，以及製造成本的上升，使得諸多過去依賴於低成本競爭的企業陷入了困境，如何透過設計提升產品附加價值，如圖 10-1 所示，重新為製造創造競爭力，似乎成為了當前大部分企業所關心的問題。

圖 10-1　創意設計

不僅如此，受到網際網路衝擊的傳統製造業，以及受到網際網路所影響的消費者消費理念正在發生著深刻的改變。個性化的消費、私人訂製的消費理念正在崛起，其中最為明顯的就是以創客為代表的群體形成及出現，無疑對傳統以標準化、批量製造優勢為核心的傳統製造業帶來了衝擊。3D 列印技術的不斷成熟，更是為這種以創意為主導的私人訂製消費提供了實現的基礎保障，如圖 10-2 所示。

圖 10-2　3D 列印杯子

對於從事創意設計的工作者們，尤其是以製作造型產品為核心的工業設計師們而言，藉由 3D 列印技術來生產、製造自己腦海中的創意，並將其實物化，再藉由電子商務的銷售平台實現商業價值，成為了一種新的機遇與趨勢。

但在 4D 列印時代中，一切將會被顛覆，設計師將會成為無處不在的產品化妝師及美容師。不久的將來，設計師們都可以在雲端服務的平台上開設屬於自己風格、特色的設計工作室，任一消費者都可能成為其客戶。也就是說，任一消費者都可以藉由電腦軟體工具表達自己的某項創意構思，或者是選擇一位符合自己創意風格的設計師，將自己的想法透過文字、圖片、語音等任

意形式來告訴所選擇的設計師，而設計師則根據使用者的表達，以設計的方式表達出來。

當然，消費者在提供設計創意服務的平台上，也可表達自己的想法，並給出自己所願意支付的酬金，相應感興趣的設計師則為其提供創意服務。對於創客們而言，我們依靠技術的創意實現之後，由設計師為產品穿上衣服，讓產品從實驗室走入消費者生活中。

而 4D 列印與 3D 列印最大的區別在於，為設計師增加了更多的可能與挑戰，例如：產品不同形態變化下的美感，或者產品不同形態變化的最佳形態變化方式等，這些將考驗設計師的智慧，同時也將給設計學科帶來一些改變。

10.5　小米式設計旋風勁吹

中國一度風生水起的小米手機曾被許多人所稱讚，並成為多少客座教授必談的經典案例。「小米就是集合了一群『靠譜』的人，採用網際網路的方式來做手機」，據小米公司創始人雷軍的介紹，讓 60 萬自詡為「米粉」的愛好者參與手機系統的開發，這讓小米手機黏著了一大批的手機愛好者；更有一項項出自米粉、符合使用者習慣的創新，在小米手機上陸續誕生。小米手機的開放式設計，讓它在發布上市之前，就牢牢地吸引了 70 萬智慧手機「刷機」愛好者。

同樣的開放式設計成功案例，在諾基亞（NOKIA）的 3D 列印社群專案中也得到了成功的驗證。2013 年 1 月 18 日，諾基亞的 3D 列印社群發布了一個

3D 列印開發套件，用來幫助人們設計，並親自製作自己的 Lumia820 手機。據諾基亞設計及市場開發經理 John Kneeland 介紹，Lumia820 手機可拆卸的外殼，讓客戶可以為手機替換不同顏色的諾基亞外殼，這些堅固的外殼有防震和防塵保護，而且在高級的 Lumia920 和中級的 820 手機中，這些外殼還附加無線充電功能，這些特別的功能給了大多數諾基亞 Lumia820 使用者一個很好的選擇。

除此之外，諾基亞還將發布 3D 範本、使用說明、推薦材料和最佳實踐，讓任何熟悉 3D 列印的人都可以為自己訂製一個 Lumia820 手機。在諾基亞發布社群通知僅幾天之後，便舉辦了一次諾基亞 Lumia820 手機 3D 列印挑戰活動，鼓勵人們設計並分享可 3D 列印和替換的手機殼。而距離發布 3D 列印開發套件六天之後，3D 列印的諾基亞 Lumia820 手機殼（包含一些功能按鈕）就在網路上展示了出來。

同樣的創意還將在 4D 列印中得到更淋漓盡致的發揮。隨著數位模型迭代演變得越來越頻繁，依靠於數位模型儲存和傳輸的產品設計與製作方案，將在不同的列印愛好者的二次創意之下，得到不斷的改進與升級，並在實物列印過程中，得到評估和驗證。列印愛好者將改進後的設計方案和數位模型再上傳，不僅可以讓其他人在他的設計改進中受益，同時也給了設計者及後續列印愛好者一種新的思路方向。

隨著電腦和 Internet 的發展，當網路空間的傳播日趨無門檻、無障礙化，這將孕育「開放式設計」在 4D 列印時代得到生根、繁殖和蔓延。而隨著越來越多的人使用人工智慧的設計軟體與 3D、4D 列印的技術，以及越來越多的人透過網路對所設計的數位模型不斷修正創新，不斷植入新思維，這將讓未來的產品設計過程從單一的專有化逐步走向開放式的大眾化。

10.6 DDM 讓訂製風行

「批量規模生產」是處於傳統製造環境下降低生產成本的最佳選擇方式，因為模具的開發成本將隨著生產量的不斷增加而攤薄，直至最低；反之，如果所開發的模具只用來生產寥寥數個產品，甚至只生產一個產品，那麼其所攤到的開模成本將變得非常大，這也就是為什麼訂製產品往往價格不菲的原因所在。

隨著「直接數位製造」（DDM）的應用與推廣，無疑將讓訂製產品走入尋常百姓千萬家，因為每個人都可以對自己的產品進行個性化元素的設計與植入，而印表機只是根據所接收到的資料模型進行列印。就好比我們透過 2D 印表機來隨意列印出任何檔案是一樣的道理，無論這個檔的內容是數位、漢字、還是色彩豐富的圖片畫面。

訪問過 Cubify.com 網站的人，估計都不陌生其訂製 Apple 手機模型的案例，它可以根據顧客提供的數位相片製作出一個背面突起的 3D 成品。ThatsMyFace.com 網站則邀請訪問者上傳臉部正面和側面照片，然後生成一個彩色的 3D 頭部模型，顧客可以將 3D 列印的頭部模型裝到塑膠人偶或樂高模型上。而且，隨著 4D 列印技術的不斷研發推進與日益成熟，顧客所列印的頭部模型還將隨著時間的推移，在自然環境中出現成長或衰老的跡象，如此個性化且能隨時變化的訂製產品，將讓人們無時無刻不感受到這個世界所帶來的瞬息萬變，輕鬆擁有以自己為原型的超級英雄小模型，更不再是什麼難事。

諸如此類的案例，已經不勝枚舉。而個性化的訂製設計與低成本的產品製作，將讓傳統的大規模批量生產走向終結，取而代之的，將是低成本生產

一次性產品或小批量的元件，因為啟動生產將不再需要特殊的模具。例如：
2012 年詹姆斯龐德電影《007：天降危機》（SKYFALL）的製片人需要三
台 Aston Martin DB5 座駕三分之一大小的模型車，他們就用型號為 Voxeljet
VX4000 的 3D 印表機來將模型車列印出來，這些轎車模型被 3D 列印成 18 個
部分，然後進行組裝噴漆，最後變成看起來非常真實和昂貴的複製品。同樣
的，一個叫做「Klock Werks Kustom Cycles」的訂製摩托車製造商曾為了在
五天之內製造出一台訂製的摩托車，其工程師們設計出了摩托車的儀表板、
前叉護蓋、前大燈擋板、腳踏板、腳踏板底部和車輪墊片蓋，這些全部都是
在一個叫做「SolidWorks」的 3D 模型套裝程式中完成的，最後由 3D 印表機
列印出各個部分，這輛成品摩托車的車速甚至創造了美國摩托車協會的陸地
速度紀錄。而在不久的將來，隨著 4D 列印技術的應用，這輛摩托車的各部件
還將實現在一定介質的誘發下，自行變形延伸和無縫拼接，這將進一步簡化
列印的程式，提升列印的效率。

　　以上諸多成功的案例，向我們印證了依靠於 3D 印表機的 4D 列印技術，將
可以快速便捷地製造出各種個性化產品，而且所製造的產品將在時間維度上
進行變形升級，這是傳統的製造方法所無法實現的低成本與工藝。對於公司
或個人，無論是誰想要生產出一個或小批量「與時俱進」的產品，4D 列印都
將是無可比擬的不二選擇。

10.7　4D 列印的魔術效應

　　緊跟著 3D 列印的步伐而來的 4D 列印，將帶領我們向新的夢想邁進，將科
幻切入現實。當尚‧路克‧畢凱艦長（Jean-Luc Picard）坐在星艦企業號的準

備室裡想喝一杯熱飲時，他只要用語言表達一下，戰艦上的複製器就會收集各種所需的原子，包括製造杯子的原子，然後沏好一杯熱氣騰騰的茶，這樣的過程基本上不在畢凱艦長的思考範圍內，以此方式沏茶之於他，就像今天的微波爐之於我們。我們現在在廚房裡使用無線電波啟動原子、產生熱量（這在20世紀50年代可是令人興奮的大事），畢凱使用的複製器是在《星際迷航：下一代》裡沒有明確說明的神奇能量技術，獲取可自我聚合的原子來形成食品和飲料。

《星際迷航：下一代》雖是科幻電影，但畢凱使用的複製器卻不是完全沒有可能變為現實，當你看到現在的工業用3D印表機時，加上一點兒詩意的破格想像，就能看到《星際迷航》的複製器的影子了。一盆靜止不動的液態樹脂，雷射像閃電一樣開始追蹤其中的形狀，於是從原料盆中產生出各種形狀，彷彿又一種魔法從空中變出了各式食品，甚至隨著4D列印的面世與普及，這些食品和物品還可以在一定的時間維度和介質作用條件下，按我們的預期和需求發生異變。

詩意的破格想像在此先暫告一段落，我們現在離分子自我聚合還很遠，至少離有效使用還有相當的距離，但是透過3D印表機、4D列印技術，我們完全可以實現所需的個性化物質的訂製化生產，因為只需要把我們能夠想像出來的東西，在電腦上繪製出來，用機器使其成形；只需按一下按鈕，物體便會如魔術般呈現，也許這就是所謂的「任何足夠先進的技術都可以稱為魔法」。

⬡ 更低成本：高額的訂製費用幻化無形

在3D列印面世之初，有學者拿鴨嘴獸打過比方。首次發現鴨嘴獸的時候，探險家們認為這是一個騙局，以為是一個愛開玩笑的人在一隻毛茸茸的動物身上黏貼了鴨子嘴、有蹼的腳和袋鼠的育兒袋。

異曲同工，3D 列印就是製造業的鴨嘴獸，將精準的數位技術、工廠的可重複性和工匠的設計自由結合在一起，就像工廠裡的機器一樣，3D 印表機也是自動化的。數位設計檔會簡潔地接收生產特定產品的指令，然後為 3D 印表機的各個步驟提供指導，這個過程可以保存下來或透過電子郵件發送到其他任何地方。就像工匠能夠生產多種產品一樣，3D 印表機具備多種用途，一台印表機可以製造出各式各樣的產品，並且無需大量的前期投資。

緊跟著 3D 列印的腳步，4D 列印具有同樣的效果，我們可以透過 4D 列印 1000 個不同的產品與列印 1000 個相同的產品，成本是一樣的，因為不再需要模具的開發與製作，所以訂製的成本幾乎消失。換言之，4D 列印的應用與推廣，讓製造業的個性化與訂製化生產不再受到任何條件的桎梏，雖然傳統的大規模生產具有高效優勢，能夠增加企業利潤、降低消費價格，然而傳統的規模經濟也對產品的多樣化和訂製化產生了負面影響；相反的，工匠們能夠輕鬆生產多樣化和訂製的產品，但是產出量卻受到極大的限制。隨著 4D 列印及數位製造時代的到來，我們將可以在大規模生產與訂製之間做出選擇，卻不用支付昂貴的手工製作費用。

而且，隨著 3D 列印的被認識，人們對 4D 列印的接受速度迅速地提高，尤其對於以銷售少量獨特的、訂製的，或可以應勢變化、具有高邊際收益的產品為商業模式的企業來說，3D 列印的發展、4D 列印的應用，無疑都將為他們帶來革命性的飛躍，具有劃時代的意義。

⬡ 更高效：產品原型製造化整為零

隨著我們的世界加速發展，企業越來越渴望縮短它們從設計到產品交付的時間。產品的生產時間是企業效率的關鍵衡量標準，即設計與完成最終產品之間的時間越短越好。

4D 印表機將透過使設計師和工程師現場低成本、高效率地生產產品原型，最大限度地縮短了產品交付時間。首先，原型是產品的初稿，它有助於設計師、工程師、行銷團隊和製造商進行多重檢查，看一看設計變成最終產品時的外觀、感覺如何，像是之前我們常透過 3D 列印為汽車製造商提供產品快速成形服務，汽車製造商透過使用 3D 印表機列印出設計理念，並且把它們提交給專案團隊，這就節省了時間，甚至節省了消費者的時間。

相較而言，以前原型成形是一個週期較長、成本高昂的過程，對於製造商來說，走捷徑或者確信產品設計能夠實現都是有風險的，即使設計做得非常漂亮，但是當它們完成後，製造商們還是會發現很多其他的問題，因為很多東西用 CAD 模型是很難有直觀的感受。

舉例來說，如果你擁有一輛車，你就需要修理和加油，但是我們不能簡單地在引擎上開一個洞加油，而且人的手也不合適，所以我們可以想像在不久的將來，3D 列印原型將迅速取代手工泡沫或黏土模型。現在已經有不少企業完全跳過泡沫和黏土模型，直接採用 3D 列印原型，而在 4D 列印得到運用之後，一切還將進一步昇華。

透過 4D 列印，我們甚至可以在 3D 列印的基礎上，讓設計更趨完美、時間進一步縮短。4D 列印的產品原型可以在一定的時間維度、外部介質條件的作用下產生異變，讓樣品能夠更有效、更準確地貼合產品設計與應用需求，而不是一而再、再而三地將產品再列印來趨近完美，這勢必將最大限度地縮短時間成本，提高生產效率。

⬡ 更優質：生產出最佳的訂製部件

訂製的終端產品是 3D 列印增長最快的應用領域之一，也毋庸置疑地成為 4D 列印的主力陣營，這時訂製的部件將不再是原型，而是真正的產品。如果你登入社群論壇，家裡擁有 3D 印表機的人可以交流想法、交換設計檔，如從門把到浴簾環這種標準的可替代部件，這些同樣也將在 4D 列印中得到迅速地交流、交換和應用，列印的東西涵蓋門把、齒輪、仿古品，或者手工製作成本極高的停產部件。

因為訂製部件並不會從規模經濟中受益，所以小規模、有技術的 3D 列印服務提供者、4D 列印營運商將開始尋找新的商機。汽車和摩托車製造商（甚至火星車製造商）都使用 3D、4D 列印訂製部件生產概念車或機器，畢竟價值百萬美元的車輛用來試駕，代價太大了。

4D 列印終端產品廣泛應用於醫療行業和牙科產業，因為這些行業的產品必須和身體更緊密、精確地結合，最適合患者的牙套和牙冠以前要靠訂做，現在越來越多使用 3D 列印，而 4D 列印產品的異變功能將成為更好的選擇。同樣的，對患者耳道或者殘留的肢體進行掃描，根據掃描資料可以將助聽器和假肢列印出來，並在時間維度和介質作用下，透過異變最大限度地貼合使用者的需求。

⬡ 更便宜：消費不浪費，生產低成本

4D 列印將最大限度地降低消費者的被動浪費行為。4D 列印的產品可以隨著時空維度的變化，在一定的介質作用下產生形變，這將讓消費者需求得到最大限度的滿足。舉個簡單的例子，新生兒的成長可謂日新月異，而小孩子

無論是衣服還是鞋子，總會遇到沒穿多久又太小了的尷尬，而透過 4D 列印的童裝，則具有跟隨小朋友一起長大的魔力。

對 4D 列印產品的消費，可以為消費者減少不必要的浪費。而對 4D 列印產品的生產，則同樣可以降低廠商在產品開發過程中的成本消費，一些 4D 列印原型被企業用來展示設計概念，其他的原型被用來測試產品生命週期的其他階段，以搞清楚如何實現產品部件的批量生產。測試和調試 4D 列印部件，可以將產品在不同時間維度、不同介質條件下的異變展現極致化，還可以將所設計複雜產品的內在缺陷最小化，這在 3D 列印中已經得到充分的驗證。

測試和調試的原型可以是工程師在模擬生產過程中使用的一系列沒有元件的部件。微軟宣布之前絕密的產品概念（混合型平板／筆記型電腦「Surface」）時，全世界都為之震撼，媒體想知道微軟在保密的情況下如何成功開發這款產品。在一般情況下，公司第一次宣布推出一款全新、前沿的技術產品時，其製造工廠都會流出一些神祕的照片，而微軟公司的硬體部門在一所大學校園裡 3D 列印了機器原型，確保產品開發祕密進行。

測試和調試的第二個目的是「確保工廠的機器能夠按照設計理念製成實物」。在工程產品設計課程中，學生花費幾週時間在偉大的設計思想和工廠的現實之間進行取捨，厚厚的教科書詳細描述了在生產線上哪些設計理念行得通、哪些理念行不通，常見的成形機或者切割成形機難以製造中空物品、互鎖部分或者具有複雜的內部結構的產品，但並不是所有的生產挑戰在教科書的指導下都可以避免。

如果企業很遲才發現新產品的部件組裝在一起不合適，那麼先期投資就浪費了。4D 列印測試和調試原型，能夠幫助手機產品設計者裝配微小的硬體，助聽器、汽車方向盤、剃刀、梳子和智慧手機等必須具備舒適的手感，或者

要非常貼合使用者。雖然設計軟體和電腦類比越來越先進，但即使最好的設計也不一定總是能夠完全按照計畫生產出實物。

10.8 未來世界超乎想像

我們對「4D 列印」可以最直接理解為在 3D 列印的基礎上增加一個「時間」的緯度，而後藉由軟體，將所要變化的模型與時間加入到列印模型中，可變形的列印材料會根據特定時間的一種觸發信號，自動進行變形、組裝成預先設定的形狀。

其最大的改變就是不需要藉由複雜的機電原理，或者複雜的電腦程式與機電設備，而是透過列印一種能夠自動變形的材料，透過軟體直接將所要組裝、變形的設計內置到物料中，在特定的時間點能按照使用者原先的產品設計意圖自動折疊、組裝、變形成相應的形狀。從這個角度，我們或許可以對3D 列印與 4D 列印做一個區分，也就是說，3D 列印的邏輯是根據預先建模再列印出最終成品；而 4D 列印的邏輯，則是把產品設計及時間透過 3D 印表機嵌入可以變形的智慧材料中，因此可以說 3D 列印是一種靜態的列印過程；而4D 列印是一個動態的成形過程，它的關鍵在於可以透過時間進行自我變化。

4D 列印最關鍵的並非是印表機技術的創新，而是材料的創新，目前更多的是基於記憶合金材料，這一技術的出現必然將帶動新材料技術領域的發展。而目前研究出 4D 列印這一技術的，則是由 MIT 與 Stratasys 教育研發部門合作研發的一項新技術成果，是一種無須藉由外部力量就能讓材料自我變化、組裝的革命性新技術，這一技術在中國目前處於空白。

根據 4D 列印技術創始人蒂比茨和他的團隊介紹，目前的 4D 列印還處於萌芽階段，只能列印條狀物體，實現從一維到二維、從一維到三維的變化，今後他們要設計列印出片狀物體、然後是立體物體，實現二維到三維、三維到更複雜結構的變化，這也就意謂著存在於科幻片中的變形金剛，將走出螢幕、走入我們的生活。

可以想像，在 4D 列印的時代中，產品將變得更加智慧化和人性化，太空站和衛星將能實現自我組裝和自我修復，危險地區的工程將不再需要人的參與，橋梁、水壩、公路、房屋等一切都將按照設計自行建造，人們只需坐在電腦旁，根據自己的想法和需要來設計出適合自己的產品，然後輕點一下「列印」，便大功告成。

10.9 世界工廠的機遇與挑戰

工業製造對於人類社會的意義不言自明，顯而易見的是，工業具有強大的創造力，工業滲透到幾乎一切領域，使人類現代生活的各個領域都得以工業化。從農林牧漁、交通運輸到資訊傳遞、文化藝術；從教育醫療、體育健身到休閒旅遊、甚至軍工戰爭，無不充斥著工業主義，依賴著工業技術。

工業對於人類最偉大的貢獻就是「它是科技創新的實現載體和必備工具」。人類最偉大的科學發現、技術發明，以至於人類任何傑出想像力的實現，都需要以工業為基礎和手段。科技進步是工業的靈魂，工業是科技進步的軀體，絕大多數的科技創新都表現為工業發展或者必須以工業發展為前提。

相較於農業受制於相對有限的產出，商業發展又必須基於工業之上，工業自然而然地成為三個產業之中真正具有強大造血功能的產業，對經濟的持續繁榮和社會穩定舉足輕重。事實上，資產階級之所以在它不到一百年的階級統治中創造的生產力，比過去一切世代創造的全部生產力還要多，正是因為資本主義社會的工業生產力的迅速發展。

工業的發展讓人類有更大的能力去改造自然並獲取資源，其生產的產品被直接或間接地運用於人們的消費當中，極大地提升人們的生活水準，因此只有工業國才可能成為創新型國家，擁有發達的工業（尤其是製造業），才能成為技術創新的領導者國家。科學技術革命與工業革命同命運，迄今為止，以「科學理性和科技進步」為標誌的工業化時代，是人類發展最輝煌的階段；可以說，自工業文明發展以來，工業就在一定意義上決定著人類的生存與發展。基於此，再加上今天的時代背景，工業大國的競爭就顯得尤為重要。

「世界工廠」是對世界工業強國（尤其是製造業強國）的特定稱謂，在世界經濟史上，被明確稱為「世界工廠」的三個國家依次是英國、美國和日本。2009 年，中國取代日本成為僅次於美國的世界第二大貿易國，並成功超越德國成為世界第一大出口國；同時，中國製造業在全球製造業總值中所占比例也達到 15.6%，成為僅次於美國的全球第二大工業製造國。一時間，中國成為了全球公認的世界工廠。

時過境遷，眼下在中國雇用一名工人的花費，在泰國可以雇用 1.5 名工人，在菲律賓可以雇用 2.5 名，印尼可以雇用 3.5 名。作為世界工廠的中國，勞動力成本廉價的優勢已不復存在，東南亞國家正雄心勃勃地要成為替代者。對於近三十年來幾乎順風順水、打遍天下無敵手的中國製造業，卻遭遇高端技術與低端成本的夾層式競爭局面，當傳統優勢的廉價勞動力不復存在，中國還有哪些優勢可繼續維持紅火的世界工廠地位呢？

與此同時，美國等發達國家也在高調鼓吹「再工業化」、「重振製造業」。就美國而言，美國從二戰後便開始了「去工業化」歷程，作為在二戰之前已經完成工業化進程，並開始進入後工業化階段的傳統工業化國家，美國在戰後初期為繞過歐洲經濟共同體的關稅壁壘，而改變了以往向西歐直接出口機電、汽車等產品的作法，轉而在歐洲進行大規模的直接投資來本土化生產。

戰後美國的產業空心化進程，實際上反映了戰後美國產業結構的「脫實向虛」的深刻趨勢。在這一過程中，製造業不斷萎縮，並被當成了美國的夕陽產業，從製造業在國民經濟中的產值比例來看，美國製造業在戰後出現了明顯的下降趨勢，除了電子產品製造業等少數部門外，機械製造業、汽車製造業等傳統的製造業產值比例都出現了長期的趨勢性下降，而本應服務於實體經濟的虛擬經濟卻不斷膨脹。

儘管以美國為代表的西方國家的「去工業化」舉措曾經一度被視為明智之舉，被認為是當一國處於工業化中後期時，其技術和資本積累足夠雄厚，並且居民的消費水準較高時的必然改變，但事到如今，「去工業化」已危害盡顯。再工業化和重新振興製造業，客觀上要求其採取能夠促進國內製造業發展的政策，縮小外國競爭者的成本優勢，以使美國對製造業更具有吸引力。

在這樣的背景下，隨著 3D 列印的出現、4D 列印的到來，無論對於要保住世界工廠地位的中國來說，還是有著「再工業化」需求的歐美國家，都是一縷希望的曙光。

首先，隨著 3D 技術的到來，社會製造對於產業工人需求的減少將迅速體現，人力不再是稀缺資源，傳統的工廠也將不復存在。只要有一台印表機，在哪裡都可以生產，如此一來，智力成本的附加價值在社會生產中所占到的比例將會進一步地加大，所以面臨製造業窪地出現、就業率下降的美國政府，自然尤其看中以 3D、4D 列印為代表的新技術革命。

歐巴馬曾提議在全國範圍內促成一個由多達 15 個製造創新機構所構成的創造創新網路，這些機構各自有各自的研究重點，其中之一就是完善 3D 列印技術（也叫增材製造）的相關標準、材料和設備，以實現利用數位設計進行低成本、小批量的生產。

　　甚至於 2012 年 8 月 16 日，美國政府宣布在俄亥俄州建立一所由政府和私營部門共同出資的製造業創新研究所，主要研發 3D 列印技術，以帶動製造業創新和增長，重新占據世界工業的領導地位。作為全球經濟的帶頭人，美國把重拾工業輝煌的希望押寶於 3D 列印，足見 3D 列印的戰略意義。

　　2014 年 3 月 24 日，歐巴馬在荷蘭參加 53 國領導人核安全峰會期間，還專門參觀了荷蘭所進行的「3D 列印運河房屋」專案，該專案已經是荷蘭的一個景點了，它所列印的不再是純粹的模型，而是一個全尺寸的模型，這些房屋原本是荷蘭過去的富商在阿姆斯特丹沿著運河建造的高而窄的磚房，但現在高科技正在輕而易舉地恢復著這一切。

　　同樣的，紛至沓來的 3D 列印、4D 列印，對中國來說，是希望也是挑戰。在 2012 年，美國杜克大學的企業家精神與商業化研究中心主任 Vivek Wadhwa，曾在美國的「外交雜誌」網站上發表過一篇名為《製造業的未來在美國而不在中國》的文章，認為「技術的進步會使中國的製造業迅速衰落，就如同美國製造業迅速衰落的那 20 年一樣」，按照 Vivek Wadhwa 的觀點，人類未來的經濟模式將是創造者經濟，而不再是大規模的工業化生產，取而代之的將是個人化的 3D 列印為主的生產模式。

　　在這個時候，如若能夠抓住 3D 列印這個機遇，那麼中國的製造業將取得更為卓越的發展；反之，但凡錯失了這個機會，那麼，製造業的中心重返美國，也將不再久遠，甚至中國將會進一步拉大與西方國家之間的差距。

在 3D 列印這個高科技領域，上帝給了中國一個千載難逢的機會，一個可以與美國、德國平等競爭、同台亮相的機會，因為在這個領域中前無古人，無論是大企業、小企業，都在一個起跑線上開始，不像其他領域那樣，中國企業被國際大公司設下的專利池死死地困住。

「3D 列印是第三次工業革命的標誌之一，也是中國有史以來第一次有機會參與新一次工業革命的興起。」上海交通大學醫學院附屬第九人民醫院戴戎院士表示，中國 3D 列印技術的發展與西方國家的差距並不是太大，西方國家能研發多噴頭的印表機，我們同樣能夠做到；西方國家有相關的專利，中國的專利也不少，甚至中國的很多列印材料優於西方國家。

2023 至 2028 年，全球及中國 3D 印表機行業市場現狀調研及發展前景分析報告指出，美國 3D 列印的產業規模占全球比重 40.4%，德國僅次於美國，中國位居第三。3D 列印起步較晚的中國在近幾年來抓緊自主創新和研發，雖然和西方各國的技術還有一定差距，但也一步步朝著精細化和專業發展，當然中國巨大的市場潛能，也吸引了不少西方 3D 列印行業巨頭的目光和投資，進一步推動了中國 3D 列印產業的發展。

不過仍需提醒的是，雖然中國與西方國家站到了新興工業革命的同一起跑線上，但不可否認的，中國缺乏一個讓創新人才成長的土壤和環境，中國的企業家也缺乏那種做事的執著、敬業和獻身精神，所以對於 3D、4D 列印技術的關注和投入，還需要引起高度重視。

首先，「缺乏創新」將制約中國 3D 列印需求的發展。加工製造目前仍然是中國製造業的主流，而產品創意、創新不是一蹴而就的工夫，做大規模與尋求技術創新也存在著矛盾；其次，中國 3D 列印設備在物品的列印精度、設備的可靠性方面，仍然與國際水準有相當差距，制約發展的 3D 列印設備的核心

零組件仍然依賴進口，甚至這個產業在成熟過程中還要遭遇技術瓶頸、投資撤離等風險，此時的中國要善於把握機遇，更要勇於直面挑戰。

中國正在大力推進「工業轉型升級」戰略的實施，工業轉型升級從本質上來說，是向產業鏈的高價值環節升級，這意謂著中國工業要從低成本的要素競爭轉向創新驅動的競爭優勢。而要完成工業的產業升級，就必須要有三大創新來驅動和支撐：一是制度創新，制度創新是中國能否成為工業強國的決定性條件；二是科技創新，科技創新是中國工業能否真正後來居上的關鍵因素；三是教育創新，教育創新是中國工業擁有一大批創新型人才建設工業強國的主要保障。

這個世界的變化已經在靜悄悄地開始，如果有一天你一旦發現，那麼這個世界將已經與眾不同，這就跟投資一樣，在投資界回頭望去，到處都是投資機會，不斷地懊悔當初為什麼沒有選擇投資這個行業，但往前看，到處都是萬丈深淵，任何行為都充滿風險，而機會是留給那些有判斷力和前瞻性眼光的人。

後 記

　　我第一次出版《4D 列印：改變未來商業生態》一書是在 2015 年，當時是全球第一本關於 4D 列印技術的書，儘管至今已經過去了八年，但很多人還是不太瞭解我們身邊正在發生的這個具有重大顛覆性的科技變化。相較於 3D 列印的蔚然成風，橫空出世的 4D 雖說還有點顯得冷清，卻給人們打開一扇更為廣闊的暢想空間之門，它將進一步引領 3D 列印開啟的第三次工業革命，而融入時間維度的 4D 列印，將讓製造業實現真正的蛻變。如果說量子科技是傳統經典物理學的顛覆性理論與技術，那麼 4D 列印就是我們傳統工業的一次顛覆性理論與技術。

　　在這次新的版本中，我將這本書定義為「4D 列印—正在到來的科幻時代」，藉由 4D 列印技術，可看到我們正處於一個科幻實現的時代。本書以發散性思維，將理論與實戰結合，從何謂 4D 列印到 4D 如何列印，4D 列印對現代醫學、軍事、設計、生產製造、能源利用等方面產生的影響，4D 列印的東西將給人類社會帶來怎樣的變化，4D 列印所牽涉到的法律及智慧財產權問題有哪些，以及 4D 列印將給中國乃至地球帶來的變化等各方面，系統性地展示 4D 列印技術支援下的不一樣人類社會。

　　曾經作為中國第一本關於 4D 列印的書籍，同時也是全球 4D 列印領域的開篇之作，這次的新版本更側重於 4D 列印技術目前的一些應用與所帶來的變革，本書將關於 4D 列印技術的研究、應用與思維導入我們的視野，所暢想的 4D 列印下的未來社會，更是充滿了無限可能。

4D 列印無限進化